序章 | 關於 ChatGPT 必須要懂的 10 個概念

第一章 |ChatGPT 簡介

目錄

序

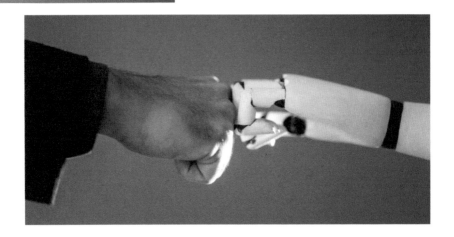

　　AI 目前在許多領域已經展現出了非常強大的能力，但是要取代人類是一個複雜的問題，需要考慮許多不同的因素。

　　首先，AI 目前主要是在狹窄領域內發揮作用，而人類能夠進行更為廣泛的思考和創造。例如，人類可以從不同的角度來看待同一個問題，可以進行複雜的情感分析和人際交往等等，這些都是 AI 目前難以實現的。

　　其次，AI 目前也存在一些限制和缺陷。例如，AI 常常需要大量的數據來訓練，而在某些領域中可能很難收集到足夠的數據。此外，AI 也常常受到偏見和錯誤的影響，需要進行更多的監督和調整。

人類到底會不會
被 AI 取代？

　　最後，即使 AI 在某些領域中表現出了與人類相當的能力，人類的價值不僅僅在於能力，還包括了許多其他的方面，例如情感、道德、信仰等等。這些方面也許是 AI 難以實現的，也是人類的重要價值所在。

　　綜合來看，AI 在未來可能會取代人類某些工作和職業，但是人類的價值和作用不會被 AI 取代，人類的創造力、智慧和情感仍然是不可替代的。

　　　　　　　　　　　　　　　　　　⑤ 以上內容由 ChatGPT 生成

推薦序

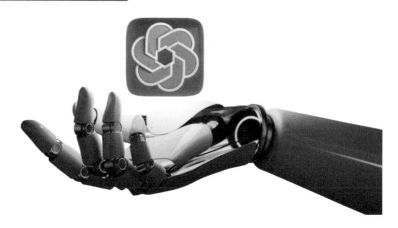

現在的投資市場，基本上每年都會誕生一堆新概念，然後資金蜂擁而至，炒得不亦樂乎。這讓我們一些做投資的人，追新科技追到氣咳，當中有些概念被炒上天花板後撻到四腳朝天，例如 2022 年炒得火熱的 MetaVerse 及 NFT，不夠一年就熄火；幸好有些還能夠保持下去，繼續發光發亮。

2023 年的主題，絕對是 ChatGPT，推出兩個月的活躍用戶就已經高達一億人次，瞬間成為全球的熱爆話題。很多曾使用過 ChatGPT 的朋友，普遍都是讚不絕口，無論在天文地理、寫新聞稿、創作劇本、幫手做大學功課、甚至談情說愛咨詢等的話題，都可以回覆得頭頭是道，答案似模似樣。

ChatGPT 的真正價值

其實 ChatGPT 背後的生成式 AI（Generative AI）技術，才是真正價值所在，亦令 ChatGPT 的研發公司 OpenAI，市值突破 200 億美元。生成式 AI 能夠創作文章、圖像、視頻、音樂甚至程式代碼，對人類未來既帶來衝擊，也帶來前所未有的機遇。

相對於其他新的概念，我覺得 AI 絕對是人類未來最重要的發展，如果你選擇不聞不問，可能很快就會被社會淘汰。本書既是 ChatGPT 的使用手冊，也是 AI 的入門指南，透過本書你不但能掌握 ChatGPT 生成各類媒體內容的詳細操作，更會教你撰寫清晰而優秀的指令（Prompt），讓你與 ChatGPT 充份溝通，提升你生成內容的質素。所以無論你是否科技迷，或只是想多一點了解 ChatGPT 及 AI，這本《ChatGPT 應用手冊》都會非常適合你，不容錯過。

林一鳴博士
資深投資者

編者序

　　ChatGPT3.5 未出現之前，相信大部分人都如編者一樣，雖然對 AI 人工智能的名詞毫不陌生，甚至每天都享受著「它」帶來的服務。但真正與 AI 持續又深度的對話，可能都是由這一兩個月開始。正如輝達（Nvidia）的執行長黃仁勳所言，ChatGPT 的出現，就像是「AI 界的 iPhone 時刻」。2007 年 iPhone 未誕生前，大部分人覺得手機僅僅是通訊的工具。但 iPhone 卻重新定義什麼是智能手機，也令智能手機成為人類生活的一部分。而 ChatGPT 的出現，也令我輩凡夫俗子深深體會 ChatGPT 背後的生成式 AI（Generative AI）功能竟可以如此強大、應用範圍竟可以如此無邊際。如果你以為 ChatGPT 只是走在科技界最尖端者才會用到的工具，與自己毫無關係，相信不久，你便會發現自己已置身這道「數碼鴻溝」的大後方，與時代逐漸脫節。

ChatGPT 與我何干？

本書只是 ChatGPT 使用的「初階版」，由於編者不是 IT 人，一些科技概念甚至 ChatGPT 的理論及功能闡述都或有偏差，在此「載定頭盔」希望讀者原諒與指正。另外因為 ChatGPT 的發展日一千里，一些昨天仍未提供的功能，今天已完全辦到，這方面也請讀者們注意。

本書另一特色，就是與 ChatGPT 協作而成。這種創作方式在外地已日漸流行，但在香港仍然是嶄新的嘗試。整個流程雖然把寫作效率大大提升，但亦會近距離發現 ChatGPT 在文本創作上的不足之處，例如文章結構呆板、偶會出現意思重覆的字詞，與及詞不達意等。不過編者相信在不久的未來，ChatGPT 便會把這些問題修正。

最後不得不提許多專家一致認為，隨著 AI 以極速發展，未來最關鍵的人材，是「懂得和 AI 溝通的人材」。而 ChatGPT，正正是一個學習和 AI 溝通的絕佳教室。

序章

關於 ChatGPT
必須要懂的 10 個概念

1. ChatGPT

簡單來說，ChatGPT 就是一個對話式人工智能模型 / 機器人（Chatbot），以 GPT （Generative Pre-trained Transformer） 技術為基礎，通過對大量文本數據進行訓練 （Pre-trained)，能夠理解並產生自然語言。透過這種模型，ChatGPT 可以將文字、語音等自然語言輸入進行理解、分析，並生成 （Generate） 相關的內容，實現智能對話、問答、自動寫作、翻譯等功能。GPT 比傳統對話式模型更出色之處，在於聊天的功能更完整，不會只是一問一答，斷斷續續，甚至可以透過用戶回應去修正答案，令生成的內容更準確。

自 2018 年 8 月 GPT-1 誕生以來，截至 2023 年 3 月 ChatGPT 已推出了 3.5 代。單單 GPT-3，已由 1,750 億個參數組成，是迄今為止最大和最強大的語言模型之一。

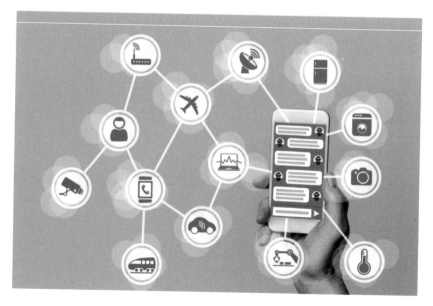

2. OpenAI

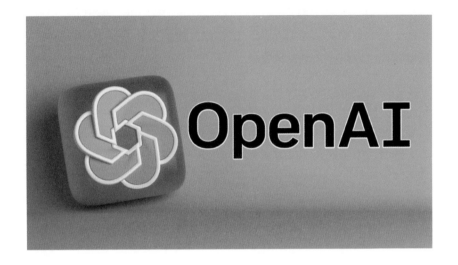

　　OpenAI 是研發 ChatGPT 的人工智能研究和開發公司，成立於 2015 年，創辦人包括特斯拉和 SpaceX 創始人馬斯克 （Elon Musk） 和前 Y Combinator 總裁山姆・奧爾特曼 （Sam Altman）。該公司旨在發展和推廣人工智能技術，將這些技術應用於各個領域，如語言處理、圖像識別、機器人等，並廣泛應用於各種實際應用場景中，包括自動駕駛、智能客服、智能翻譯、智能推薦等等。

截至 2023 年 3 月為止，OpenAI 研發的部分產品包括：

1.) GPT（Generative Pre-trained Transformer）系列：
這是一系列自然語言處理模型，已經在大量的文本數據上預先訓練，可以高精度地生成人類化的文本。

2.) OpenAI Gym：
這是一個工具包，用於開發和比較強化學習算法，允許開發人員在標準化的環境中訓練和測試其算法。

3.) Codex：
這是一個基於人工智能的代碼自動完成工具，可以根據代碼的自然語言描述生成代碼。

4.) DALL-E：
這是一個基於人工智能的圖像生成系統，可以根據自然語言的輸入創建獨特和多樣化的圖像。

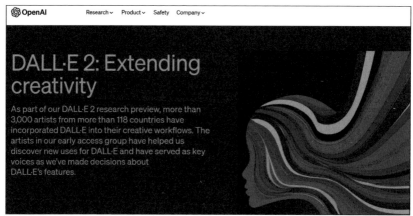

除了 ChatGPT，DALL-E 也是 OpenAI 受歡迎的 AI 軟件。

3. 人工智能

人工智能 （Artificial Intelligence, AI）是指讓機器模擬人類智能的技術和應用。它主要通過機器學習、深度學習、自然語言處理、圖像識別、知識圖譜等技術手段來實現。人工智能的目標是讓機器能夠像人類一樣感知、理解、學習、推理、決策和創造。它可以應用於各個領域，如自動駕駛、語音識別、機器翻譯、智能客服、金融風險控制、智能監控等等。隨著科技的不斷發展，人工智能在各個行業中的應用和發展前景也愈來愈廣泛。

人工智能在上世紀 50 年代已開始研發，近年最新的發展包括以下幾個方面：

1.) 自然語言處理：
自然語言處理技術逐漸趨於成熟，可以實現自動寫作、自動翻譯、智能對話等功能。

2.) 機器學習：
深度學習技術已經在圖像識別、語音識別、自然語言處理等領域取得重大突破，具有更高的準確率和更好的普適性。

3.) 自主學習：
機器可以通過不斷地觀察和學習來不斷提升自己的能力，並且可以實現自我進化。

4.) 智能物聯網：
物聯網技術已經普及，智能家居、智能城市等應用也愈來愈多，人工智能技術可以實現更加精準和智能的控制和管理。

5.) 自主決策：
基於機器學習和深度學習的人工智能可以在一定程度上實現自主決策，比如自動駕駛、智能監控等。

4. 分析式 AI 與生成式 AI

分析式 AI （Analytical AI）也稱為傳統 AI，是指透過對事先收集的數據進行分析和編程，以完成特定任務的人工智能。這種 AI 通常基於規則和邏輯系統運作，對於相同的輸入數據給出相同的輸出結果。例如人面及語音識別系統，分析式 AI 會根據先前訓練好的圖像及音訊特徵來識別對象。

生成式 AI （Generative Al）也稱為深度學習，是指通過訓練神經網絡，來生成具有高度抽象性和多樣性的新數據的人工智能。生成式 AI 不需要事先收集和編程數據，而是透過將大量數據輸入神經網絡來學習和生成新數據。例如，生成式 AI 可以生成文字、圖像、音樂和語音等數據，甚至可以模擬人類創造力。而生成式 AI 正是 ChatGPT 的強項。

總的來說，分析式 AI 更適合執行精確、可預測的任務，如圖像識別、自然語言處理等，而生成式 AI 則更適合執行具有創造性和多樣性的任務，如圖像生成、自然語言生成等。

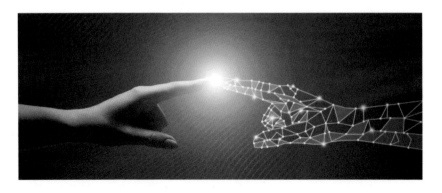

5. 自然語言

　　自然語言（Natural Language）是指人們平常所使用的語言，例如中文、英文、日文等等。與之對應的是人工語言，如編程語言等。自然語言是人類之間進行溝通和交流的主要工具之一，是人類思想和文化的載體。

　　自然語言處理（Natural Language Processing, NLP）是人工智能領域的一個重要分支，旨在使機器能夠理解、生成和操縱人類語言。自然語言處理涉及多個子領域，包括詞法分析、句法分析、語義分析、語言生成、機器翻譯等等。NLP 技術已廣泛應用於機器翻譯、智能客服、自然語言對話系統、情感分析等領域。隨著人工智能和大數據技術的發展，自然語言處理領域將會持續進步和發展。

ChatGPT 在自然語言處理方面有以下的特點：

1.) 能夠生成自然、流暢的語言：

ChatGPT 可以生成與自然語言相似的句子，而且可以根據上下文生成有意義的回答，這使得它在對話式應用中很有用。

2.) 無需手工編寫規則：

與傳統的自然語言處理不同，ChatGPT 不需要手工編寫規則或模板來解析句子，因為它可以通過大量的訓練數據自動學習語言規則和結構。

3.) 能夠處理多種自然語言：

ChatGPT 可以處理多種語言，因為它是通過大量的跨語言數據訓練出來的。

4.) 能夠理解語義：

ChatGPT 可以理解句子的語義，即它能夠理解句子的含義和意圖，從而生成有意義的回答。

6. API

　　API 代表應用程式介面 （Application Programming Interface），
是軟體系統中不同元件之間通訊的橋樑。它允許兩個不同的應用程式
之間交換資訊，讓它們可以共同工作。每位 ChatGPT 的註冊用戶，都
會擁有一組 API 密鑰。用戶憑著 API，便可在自家網站使用 ChatGPT
的強大功能，最常見是用於公司的智能客戶服務。坊間許多網站或手
機應用程式，都強調使用 ChatGPT 系統，正是因為它們使用了 API，
連繫 ChatGPT 與自家公司的系統。

　　需要注意的是，使用 ChatGPT API 需要支付費用，用戶需要根據
使用情況付費。有關詳細信息，請參閱 OpenAI 網站上的 API 文檔和
定價計劃。

API keys

Your secret API keys are listed below. Please note that we do not display your secret API keys again after you generate them.

Do not share your API key with others, or expose it in the browser or other client-side code. In order to protect the security of your account, OpenAI may also automatically rotate any API key that we've found has leaked publicly.

You currently do not have any API keys. Please create one below.

+ Create new secret key

Default organization

If you belong to multiple organizations, this setting controls which organization is used by default when making requests with the API keys above.

Personal

Note: You can also specify which organization to use for each API request. See Authentication to learn more.

OpenAI 用戶都可以生成一組 API 密鑰。

7. Prompt

所謂 Prompt，就是我們在 ChatGPT 上輸入的每一個指令。

Prompt 原本是人工智能領域中的一個術語，指的是用來啟動和引導機器學習模型生成預測或輸出的文本或指令。Prompt 通常是由人類編寫的一些文本，並被提供給機器學習模型作為輸入，以生成新的文本。Prompt 的目的是幫助模型理解要生成的文本的上下文和風格，從而生成更加精確和符合要求的輸出。在自然語言生成等應用中，Prompt 可以讓用戶指定所需的輸出類型、主題、長度、風格等，從而更好地滿足特定的需求。在一些應用中，例如語言翻譯和問答系統，Prompt 也可以幫助模型獲得更好的理解和表現。

隨著 AI 的廣泛應用，Prompt 的設定亦變得愈來愈重要，甚至衍生出「Prompt Engineer」，又稱為「AI 溝通員」，吃香程度媲美網絡工程師。事實上，一段優秀的 Prompt，可以指示 ChatGPT 執行複雜的自動化任務、生成精美的插圖、甚至吸引的視頻作品。所以未來使用 AI 的致勝關鍵，Prompt 一定扮演重要的角色。本書第二章會詳述如何編寫清晰的 Prompt。

8. 內容生成 Vs 網路搜尋

比起以 Google 或 Bing 一類網路搜尋引擎尋獲碎片式資訊，以 ChatGPT 生成內容，既詳細又是完整文本，可以直接用於不同媒體上，令許多人不禁疑問 ChatGPT 的內容生成能否取代網路搜尋？

就目前而言，ChatGPT 的內容生成功能可以說是一個有用的輔助工具，但無法完全取代網路搜尋。ChatGPT 的強項在於可以根據使用者提供的指示 (Prompt)，自動產生相關的文章、文字、答案等。而在網路搜尋方面，搜尋引擎可以從龐大的資料庫中找出使用者需要的資訊，並提供多種不同的選擇。

另外，ChatGPT 還有其限制性。它的產生過程是基於已有的訓練數據，因此其產生的內容可能有所偏差或是有限制。例如 ChatGPT3.5 系統的內容只更新至 2021 年 11 月，往後發生的事情更一無所知。而網路搜尋引擎則可以提供更為多元、豐富及實時的資訊，包括不同類型的文章、視頻、圖片等等。

總之，ChatGPT 的內容生成功能可以提供一些有用的資訊，但對於某些特定的需求或深度的搜尋，仍然需要依賴網路搜尋。

9. ChatGPT 收費嗎?

目前 ChatGPT 對一般用戶不會收取費用,不過最近 OpenAI 剛推出升級計劃,月付 20 美元便可享受 ChatGPT 更快的回應。至於使用 API 的用戶,則分為免費的開發者版和付費的商業版。開發者版提供每月 1000 次的免費 API 呼叫 (API calls,即要求 ChatGPT 服務) 次數,商業版則提供更高的 API 呼叫次數限制以及更豐富的功能。商業版的收費是按照每次 API 呼叫所需的計算資源和使用情況來計算,再以代幣 (token) 向 ChatGPT 付費,而具體費用可以在官方網站上查看。

10. 如何訓練 ChatGPT ?

ChatGPT 需要使用大量的文本數據作為訓練參數,作為普通的用戶,這些工作當然不會由我們執行。但透過一些指令 (Prompt) 的設定及 API 的配合,便可以「訓練」ChatGPT 為用家提供更貼身的服務。

以智能客服為例,用戶需要對 ChatGPT 進行相應的訓練和調整,以便讓 ChatGPT 理解特定行業和業務的問題,並能夠提供相應的解決方案。此外,還需要建立一個知識庫,以便 ChatGPT 可以從中學習和提取相關的信息來回答問題。最終,通過不斷的學習和迭代,ChatGPT 可以不斷地提高其回答問題的準確性和效率。

第一章

ChatGPT 簡介

1.1 什麼是人工智能？

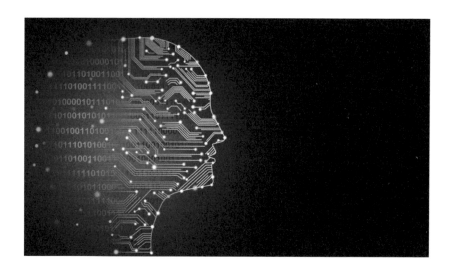

　　人工智能是一種技術，可讓電腦系統像人類一樣思考、學習和行動。它涉及使用演算法處理數據並做出決策，如用於自駕車和語音識別的演算法。AI 還可用於改善客戶服務、推薦產品和自動化任務。

人工智能開發史

AI 開發史可追溯至 20 世紀 50 年代，當時艾倫 · 圖靈（Alan Turing）發表了他著名的論文《電腦與智能》（Computing Machinery and Intelligence）。該論文提出了圖靈測試（Turing Test），此測試仍在今天用於評估機器的能力，以便像人類一樣思考和行動。

16 歲時的圖靈。
（圖片來源：維基百科）

20 世紀 60 年代，開展了第一個 AI 項目，例如自然語言處理和專家系統。20 世紀 70 年代，機器人技術和神經網絡得到了發展，而 20 世紀 80 年代，機器學習和 AI 應用在金融和醫學領域有了增長。今天，AI 在無數領域得到了應用，並不斷發展，不斷推出新的產品。

人工智能發展的重要時刻

1950 年 基於艾倫·圖靈（Alan Turing）的著名 1950 年論文《電腦與智能》，AI 的基礎被奠定。

1956 年 約翰·麥卡錫（John McCarthy）在達特茅斯會議（Dartmouth Conference）上提出「人工智能」（Artificial Intelligence）一詞。

1966 年 ELIZA，第一個自然語言處理程序的推出，AI 開始受到重視。

1969 年 研究人員 Arthur Samuel Douglas 開發了第一款 AI 遊戲——打井遊戲。

1971 年 斯坦福大學開發了第一個專家系統 MYCIN。

1979 年 Unimation 公司開發了第一個機器人手臂。

1984 年 IBM 開發了第一個基於 AI 的電腦象棋程序 Belle。

1997 年 | IBM 的 Deep Blue 擊敗世界象棋冠軍卡斯帕羅夫。

2011 年 | IBM 的 Watson 贏得 Jeopardy 遊戲節目。

2016 年 | 由 Google DeepMind 開發的 AlphaGo 擊敗世界圍棋冠軍李世乭。

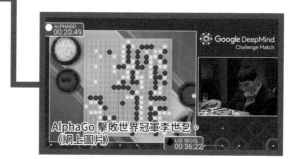

AlphaGo 擊敗世界冠軍李世乭。
(網上圖片)

2020 年 | AI 被用於醫療保健、金融、製造業、教育、交通運輸、零售等多個行業中。

2022 年 | ChatGPT3.5 正式推出，生成式 AI 被廣泛使用。

1.2 人工智能如何影響
我們的生活？

　　AI 目前正在醫療保健、金融、製造業、教育、交通運輸、零售、客戶服務等多個行業中使用，具體應用包括自然語言處理（NLP）用於客戶服務和會話 AI、機器學習用於預測分析和自動決策、電腦視覺用於視頻分析，以及機器人用於自動化和流程優化。

近年人工智能的發展包括：

1.) 自主車輛：

　　自主車輛正愈來愈普及，特斯拉、谷歌和蘋果等公司在這一領域取得了巨大的進展。自主車輛能夠感知周圍環境並在無人操作的情況下導航。

2.) 自然語言處理：

　　自然語言處理（NLP）是一個人工智能領域，使電腦能夠理解和用自然語言與人類溝通。這已經在客戶服務，自動翻譯和情緒分析等領域取得極大的進展。

3.) 機器學習：

　　機器學習是人工智能的一個子領域，使電腦能夠從數據中學習並做出預測。這項技術正被用於各種應用，從面部識別到醫學診斷。

4.) 電腦視覺：

　　電腦視覺的主要目標是使電腦能夠像人一樣「看」和理解圖像，從而在各種應用領域中實現自動化，如自動駕駛、人臉識別、安全監控、智能家居、醫學診斷、機器人等。

5.) 機器人：

　　機器人的人工智能研究致力於開發能夠與環境互動的機器，這項技術已經在製造業和醫療手術等領域快速發展。

1.3 ChatGPT 之母——
OpenAI 的前世今生

　　要了解 ChatGPT 的由來，先要追尋究發 ChatGPT 的「生母」OpenAI 的背景。OpenAI 總部位於美國三藩市，創立只有 7 年，員工僅三百餘人，影響力卻足以震撼全球的科技界。

　　OpenAI 是一家研究實驗室，專注於人工智能（AI）。它由特斯拉和 SpaceX 創始人馬斯克（Elon Musk）和前 Y Combinator 總裁山姆・奧爾特曼（Sam Altman）在 2015 年 12 月創立。該公司的使命是促進和發展友好的人工智能，以造福全人類。OpenAI 的最終目標是開發運用於不同層面的人工智能（AI）。

OpenAI 最初旨在以最有可能造福人類的方式推進數位智慧。這是通過研究和開發可用於機器學習，機器人和自然語言處理等多個領域的人工智能來實現的。 OpenAI 還致力於確保 AI 以對人類有益的方式開發。

2016 年 7 月，OpenAI 從一群科技巨頭（包括亞馬遜，微軟和IBM）獲得了 10 億美元的投資。這筆投資旨在幫助 OpenAI 繼續推進其研發工作。從那時起，OpenAI 就參與了許多專案，例如開發一種可以從人類示範中學習的機械手，訓練機器人系統執行複雜任務，以及創建一個人工智能系統，可以擊敗世界上最好的棋手。OpenAI 還致力於確保以負責任和道德的方式開發 AI。

OpenAI 還參與了關於開發和使用 AI 的政策討論。這包括宣導負責任和道德的 AI 開發，以及與政府合作，以確保 AI 以造福所有人類的方式使用。

OpenAI 發展里程碑

2015 年	12 月	馬斯克和山姆·奧爾特曼創立 OpenAI，成員共 14 人。
2016 年	7 月	OpenAI 從一群科技巨頭獲得 10 億美元的投資。
	10 月	OpenAI 發佈 Universe，一個用於訓練和測試 AI 代理的平台。
2017 年	4 月	OpenAI 發佈了首篇重要研究論文，題為《學習強化》。
	6 月	OpenAI 推出一個開源項目，稱為 OpenAI Gym，為強化學習提供標準介面。

2018 年	2 月	OpenAI 發佈 OpenAI Five，一個旨在玩 Dota 2 遊戲的 AI 系統。
	2 月	因避免特斯拉與 Open AI 可能衍生的利益衝突，馬斯克宣布退出 OpenAI 的董事會。
	6 月	OpenAI 發佈了 Spinning Up in Deep RL 教程，為強化學習提供了一個簡介。
	12 月	OpenAI 發佈 GPT-2 語言模型，一個用於自然語言處理的強大 AI 系統。
2019 年	4 月	OpenAI 推出 OpenAI Scholars Program，一個為期六個月的計畫，旨在為初級研究人員提供機會，在 OpenAI 上進行項目。
	7 月	公司從非營利轉向「有限營利」，及後微軟再注資 10 億美元。
2020 年	2 月	OpenAI 和微軟推出 OpenAI Azure Platform，為訓練和部署 AI 模型提供了雲計算平台。
	5 月	推出語言訓練模型 GPT-3。
2021 年	11 月	推出圖像深度學習模型 DALL-E。
2022 年	11 月	推出基於 GPT-3.5 的 AI 聊天機器人。

1.4 什麼是 ChatGPT？ 它引發什麼浪潮？

ChatGPT3.5 在 2022 年 11 月橫空出世，這款高擬人型 AI 聊天機器人，專門用於自然語言處理（NLP, Natural Language Processing）。它已經在數百萬個對話上進行了訓練，可以根據對話的上下文來生成對問題和陳述的回應，可以處理文本生成、翻譯、對答等工作。

誕生短短三個月的非凡成就

ChatGPT3.5 誕生短短三個月已經藝驚四座，非凡成績包括：

· 美國明尼蘇達大學法學院以及賓州大學華頓商學院的教授，分別以 ChatGPT 作答試題，法學院四個學科考試中獲得 C+；商學院的管理學科考試中亦獲 B 至 B- 的成績，都屬及格水平

· 以 ChatGPT 通過了亞馬遜 AWS 架構師認證考試，與及谷歌的 L3 程式設計師面試

· 內地有券商以 ChatGPT 撰寫行業分析報告，名為《提高外在美，增強內在自信─醫療美容革命》，雖然尚有不足之處但已達至專業的門檻

- 網上有大量以 ChatGPT 模擬名人如莎士比亞、貓王、甘地等風格編寫的演說和文章

- 推出僅短短五天，ChatGPT 在全球的使用者數量已經突破百萬大關，是短時間內達到這個數字的龍頭。相比之下，Netflix 需要 3.5 年、Facebook 需要 10 個月、Spotify 需要 5 個月、Instagram 需要 2.5 個月，才能達到相同數量的使用者。截至 2023 年一月底，ChatGPT 每月活躍用戶已超過一億人次。

各平台達成百萬用戶所花日數

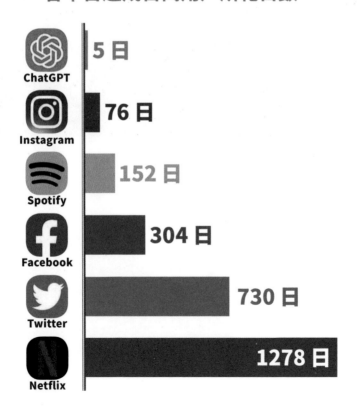

ChatGPT	5 日
Instagram	76 日
Spotify	152 日
Facebook	304 日
Twitter	730 日
Netflix	1278 日

1.5 ChatGPT 的原理和技術特點

　　全球圖形處理器龍頭公司輝達（Nvidia）執行長黃仁勳形容 ChatGPT 出現是「AI 界的 iPhone 時刻」！就像 2007 年 iPhone 誕生情景一樣：iPhone 採用的不是前所未有的技術，卻重新定義什麼是智能手機，也令智能手機成為人類生活的一部分。而人類使用 AI 已有數十年歷史，ChatGPT 也並不是嶄新的技術，但它的出現，令其使用的「生成式 AI」（Generative AI）成為往後 AI 發展的新趨勢，亦令 AI 更廣泛使用，進駐人類生活的每個層面。

生成式 AI Vs 分析型 AI

　　分析型 AI（Analytical AI）是人工智能的一個分支，通過處理大量資料和自動化分析過程，來提供有關特定領域或問題的深入洞察和預測。該 AI 基本功能就是根據給定的資料，找出其規律和關係，並且產生報告或提出建議。無論是人臉辨別、精確廣告投放、新聞、音樂和影片推薦，以及智慧輔助駕駛，醫療斷症等，都是分析型 AI 的範疇。

　　生成式 AI 側重於創造與現有資料類似的資料和內容。它通過使用深度學習演算法來創建類似於訓練資料的新資料。生成式 AI 可用於創建基於現有資料的新圖像、文本和音訊，它還可以用來生成針對現有問題的新想法和解決方案。人類可利用生成式 AI 協助創作新聞、劇本或廣告文案，甚至編寫程式代碼以至遊戲軟件。而 ChatGPT 就是箇中的典範。

	生成式 AI	分析型 AI
應用	專注於內容創作和自然語言處理	主要用於預測分析、決策支持和自動化
資料來源	使用大量非結構化資料，如文本、圖像、音訊和視頻	使用結構化資料，如交易和操作數據
目標	創造新的內容	根據資料做出預測和決策
機器學習	使用無監督學習技術，如聚類（Clustering）和深度學習	使用有監督學習技術，如分類和回歸
結果	創生新的內容	預測和決策

　　而 ChatGPT 生成的能力，就是來自預訓練轉換器（Pre-trained Transformer）的語言模型，這也是 ChatGPT 的全名「Chat Generative Pre-Trained Transformer」的由來。轉換器主要是處理自然語言的順序輸入資料，透過天文數字的參數量和數據量，再根據模型預測可能的回應，因此能夠生成獨一無二的內容。

GPT 歷來輸入參數的數量：

模型	發佈時間	參數量	預訓練數據量
GPT	2018 年 6 月	1.17 億	約 5GB
GPT-2	2019 年 2 月	15 億	40GB
GPT-3	2020 年 5 月	1750 億	45TB

＃據說即將於 2023 年稍晚推出的 GPT-4，參數數量會是 GPT-3 的五百倍以上

　　ChatGPT 不但會生成內容，更會記得之前的對話，甚至透過之前的對話修正，令之後提供的答案可以更精準。

1.6 ChatGPT 的應用場景

文本生成（Text Generation）

文本生成是指使用電腦程式來生成人類可讀的自然語言文本。文本生成可以應用於各種場景，例如自動生成新聞報導、生成自然語言對話、自動生成文章和文檔等。

目前，ChatGPT 的文本生成技術已經得到了廣泛應用於新聞播報、劇本撰寫、行銷文案、內容推薦、文章潤色及智慧客服。

然而，目前文本生成仍存在一些挑戰。例如，如何在生成的文本中保持邏輯和語義的連貫性、如何減少重複和無意義的資訊、如何處理少見和不尋常的單詞和短語等。此外，如何處理文本中的歧義和多義性也是文本生成面臨的難題。

圖像生成（Image Generation）

ChatGPT 是一個對話式人工智能模型，無法直接給我們輸出圖片，但可與圖像生成的人工智能平台如 DALL-E 或 Midjourney 結合，來實現圖像生成。以 ChatGPT 生成 AI 繪圖指令，再使用該指令在人工智能繪圖平台生成圖片。

需要注意的是，使用 ChatGPT 模型生成的文本指令需要盡可能清晰和準確，以提高圖像生成的品質。此外，生成的圖像也需要進行評估和篩選，以保證其品質和可用性。

影片生成（Movie Generation）

ChatGPT 並不支援影片生成的功能，但是用戶可以用 ChatGPT 生成內容或劇本，再與其他模型或技術相結合，以實現影片生成的功能。

音訊生成（Audio Generation）

ChatGPT 並不支援音訊生成的功能，但用戶可以使用 ChatGPT 協助作曲及作詞，再與其他模型或技術相結合產生音訊。

跨模組生成（Multi-Media Generation）

通過文本生成圖像、使用圖片素材生成影片、文本生成創意影片，以及影片或圖像生成文本等。

其中，文本生成圖像技術可以將自然語言的描述轉換成圖像，例如生成場景圖像、描述性圖像等。使用圖片素材生成影片則是將靜態的圖片素材組合成動態的影片。文本生成創意影片則可以利用文本描述創造出獨特的影片效果，例如講故事的影片、廣告等。而影片或圖像生成文本則是將影片或圖像內容轉換成自然語言的描述或故事。

以上功能，ChatGPT 需與其他模型或技術相結合才能產生。第二章會詳盡解說 ChatGPT 在不同場景下的操作。

第二章

ChatGPT 安裝和應用

2.1 如何註冊 ChatGPT

　　ChatGPT 不需要註冊,因為它是一個自然語言處理模型,可以在支援它的平台上直接使用。用戶可以通過在支援 GPT 模型的平台上開啟聊天視窗,直接開始使用 ChatGPT 與它進行對話。坊間有不少支援 GPT 模型的平台或應用程式,無論是蘋果的 IOS、Android 或其他作業系統都有,只要在應用程式商店搜尋「ChatGPT」便可找到。

　　但是,如果用戶需要使用 OpenAI 的 ChatGPT,則需要遵循 OpenAI 的註冊程序,並且需要滿足其所在國家的限制和要求。截至 2023 年 3 月,OpenAI 開放的國家有韓國、日本、印度、新加坡、美國等,而中國大陸、香港及台灣暫時是不行的。

　　要在 OpenAI 註冊再使用 ChatGPT,你需要做好以下準備:
◆ 一個郵箱(Gmail, Yahoo 均可)
◆ 一個國外手機號碼以接收驗證碼(不接受中國大陸、港澳及台灣,其他地區請查閱 OpenAI 官方網站上的相關資料)
◆ 一個瀏覽器(Chrome、Safari 或 Edge 皆可,但建議使用無痕模式)

OpenAI 具體註冊步驟如下：

1. 登錄 OpenAI 網站

· 登錄

https://chat.openai.com/auth/login

· 點擊 Sign up 創建一個 OpenAI 帳號

· 輸入電子郵箱，你也可點擊下方的「Continue with Google」或「Continue with Microsoft Account」 直 接 以 Google 或 Microsoft 的帳號註冊並設定密碼。

· 往登記的電郵郵箱打開確認電郵

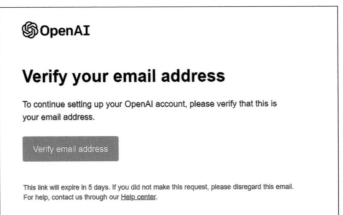

· 回覆確認電郵後，再填上你的姓名，
之後點擊下方的「Continue」

· 接著平台便要求你以手機驗證。
你需要填寫一個接收短信的手機
號碼，系統會發出一組驗證數
字，你需要填寫該組數字才算完
成整個註冊程序

※ 由於 OpenAI 暫不接受來自中國大陸、港澳及台灣等地的用戶，所
以你需要一個 OpenAI 接受地區的手機號碼。當然你可以在一些 IP
Phone（網路電話）平台如 Skype 申請一個外地的手機號碼，但一
年動輒十多元美金並不划算，而接收短信的手機號碼只會一次性使
用，所以建議使用一些虛擬電話號碼平台如 SMS-Activate 來接收
短信，完成註冊程序。

2.SMS-Activate 申請手機號碼操作

· 前往 https://sms-activate.org/，點擊右上角的 register，輸入
電子郵箱和密碼，再在回郵中確認及激活帳號，便完成註冊程序
（SMS-Activate 可選中文界面，更方便使用）

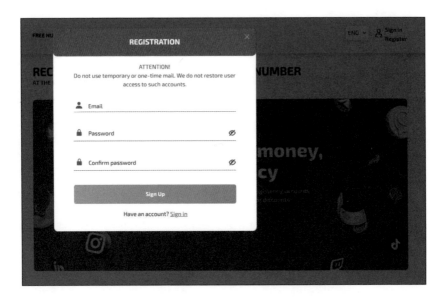

· 點擊右上角 Balance 下方的金額,選擇 Top up balance 開始充值

· 選擇充值的方式及支付方法,香港人較熟悉是 Stripe 及支付寶,手
續費分別為 3% 及 2.3%,選擇最低消費 US$1 已足夠接收 OpenAI
短信之用

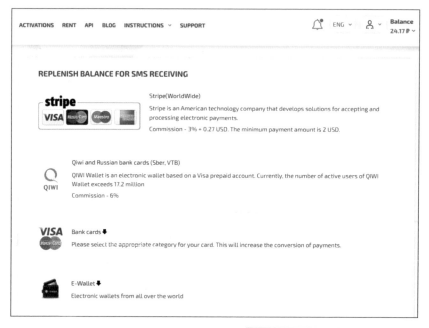

· 充值完畢後,右上角會顯示帳戶
餘額,由於 SMS-Activate 是俄
羅斯網站,餘額會以盧布顯示

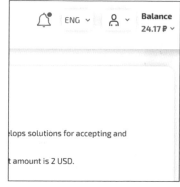

- 在首頁左邊欄搜索 OpenAI，點擊該項，便會顯示可用於 OpenAI 註冊的國家、手機號碼數量及收費，只要按下購物車便完成購買

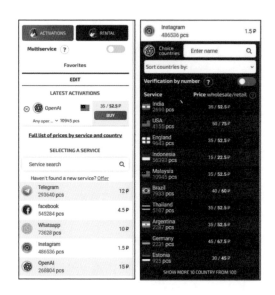

- 你的帳號會顯示該次購買的詳情，包括電話號碼

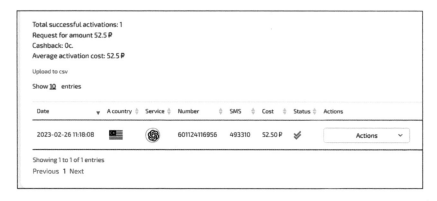

· 複製電話號碼，再回到 OpenAI 註冊頁，選擇合適的國家，貼上電話號碼，再選擇「Send code via SMS」

· 轉到 SMS-Activate 網頁，等候約 1 分鐘，在電話號碼資料中 SMS 一欄會出現 OpenAI 發出的一組驗證數字，只要複製再貼上 OpenAI 註冊頁，便完成整個註冊程序

溫馨提示：

※ 用戶在 SMS-Activate 實際只是「租用」電話號碼，並非長期擁有，所以 OpenAI 註冊當與 SMS-Activate 申請電話號碼同時進行，如果相距時間太遠（超過 20 分鐘），電話號碼便會失效

※ 就算完成註冊，由於香港或台灣仍然被拒使用 ChatGPT，每次使用 OpenAI 的 ChatGPT 時，仍然要開啟 VPN（虛擬私人網路）令 OpenAI 的系統識別不到你真正身處之地。坊間有大量 VPN 軟件的選擇，有免費亦有收費，用戶可按需要挑選。筆者使用的 Proton，免費之餘表現也非常穩定，未安裝的朋友可以一試。其實近期坊間已有許多以 API 與 ChatGPT 聯繫的應用程式，所以你就算不做以上的註冊步驟，也可以透過相關程式使用 ChatGPT。

Proton 網址：https://proton.me/

2.2 ChatGPT 基本語言模型功能

註冊成功後，便可直接登入 ChatGPT 的介面與它對話。ChatGPT 首頁有三欄，包括 Examples、Capabilities 及 Limitations，左欄會記錄你之前與 ChatGPT 的對話，方便隨時重溫。特別一提截至 2023 年 3 月初，ChatGPT 只會用 2021 年 11 月以前的舊資料訓練，之後的資訊可能要在下一版的 ChatGPT 才作更新。

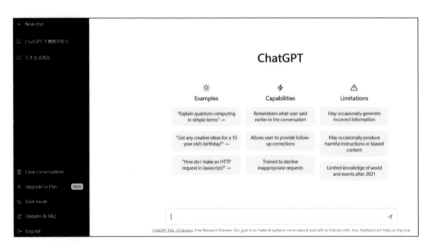

ChatGPT 的基本功能是接受用戶輸入的自然語言文本，通過對文本進行分析、理解和處理，生成相應的自然語言回答。基本上，無論你以英文或中文輸入，ChatGPT 都會按你輸入的文字回覆。而顯示方式，也可以是一般的文本、點列（point form）、表列（table），甚至可要求字體大小或粗幼，只要輸入時列明即可。

ChatGPT 應用手冊

具體來說，ChatGPT 可以完成以下幾個基本任務：

1.) 語言生成（Language Generation）

ChatGPT 的語言生成功能是指通過機器學習和自然語言處理技術，以自然語言的形式生成文本、對話、故事、新聞等人類使用的語言。ChatGPT 的語言生成功能可以實現以下幾點：

【文本生成】：
通過分析語言的結構、上下文等信息，自動生成符合要求的文章、故事、評論、說明文等。

【對話生成】：
通過分析語言的結構、上下文等信息，自動生成符合要求的對話內容，例如智能客服、聊天機器人、語音助手等場景。

【新聞生成】：
通過分析事件、資訊等，自動生成符合要求的新聞報道，例如自動化新聞寫作。

【電子郵件生成】：
通過分析收件人、主題等信息，自動生成符合要求的電子郵件內容。

ChatGPT 的語言生成功能可以實現對自然語言的自動化生成，減少人力成本，提高工作效率。未來，語言生成技術有望在更多的應用場景中得到廣泛應用。

例子

文本生成

輸入：	「疫情下的世界」
生成的文本：	「新冠疫情自去年以來，深刻影響了全球的經濟和社會生活。在這樣的大環境下，各國政府和企業都在積極應對，加強防疫措施，推動經濟復甦……」

對話生成

輸入：	「請問你叫什麼名字？」
生成的對話：	「我叫 ChatGPT，是一個人工智能對話機器人。請問您需要什麼幫助嗎？」

新聞生成

輸入：	「中國科學家成功研製出新型疫苗」
生成的新聞：	「中國科學家在長期的研究和實驗後，成功研製出一種新型疫苗，具有很高的安全性和有效性。這將有助於控制疫情的擴散，保障公眾的健康。」

電子郵件生成

輸入：	「主題：關於明天的會議」
生成的電子郵件：	「親愛的各位，明天我們將舉行一次重要的會議，討論公司的發展戰略和計劃。希望大家能夠提前準備好相關材料和報告，以便順利進行會議。謝謝。」

2.) 語言理解（Language Understanding）

　　ChatGPT 的語言理解功能，是指通過機器學習和自然語言處理技術，將自然語言轉化為電腦可理解的形式，以便進一步進行分析、處理、回答問題等。ChatGPT 的語言理解功能可以實現以下幾點：

【關鍵詞識別】：
通過對語言進行分詞和詞性標注，識別出關鍵詞和詞語的屬性，以便進一步進行分析和理解。

【實體識別】：
識別出語言中的實體，例如人名、地名、組織機構等，以便對相關信息進行提取和分析。

【句法分析】：
對語言進行句法分析，識別出句子的成分和結構，以便進一步理解和分析句子的含義和意圖。

【意圖識別】：
通過分析語言的結構、關鍵詞、上下文等信息，識別出語言表達的意圖和目的。

　　ChatGPT 的語言理解功能可以幫助電腦更好地理解和分析自然語言，為後續的知識檢索、對話生成、問答系統等應用提供重要的支持。

例子

文本理解

輸入的文本：「昨天我在公園遇到了一個老人，他說他迷路了。」

ChatGPT 的理解和回應：

作者希望能獲得一些遇上長者迷路時可以提供的協助

「如果你遇到一個老人說他迷路了，你應該先安撫他，告訴他你會幫他找到回家的路……」

對話理解

輸入的文本：「我想預訂一個雙人間。」

ChatGPT 的理解和回應：

作者希望獲得一些預訂酒店的步驟及建議

「您要預訂哪家旅館或酒店的雙人間？還有您預計入住和退房的日期是什麼時候呢……」

新聞理解

輸入的文本：「最新研究顯示，長期暴露在空氣污染中會增加心臟病發作的風險。」

ChatGPT 的理解和回應：

作者希望知道相關研究的更多詳情

「最新的研究顯示長期暴露在空氣污染中會增加心臟病發作的風險……」

3.) 對話生成（Dialogue Generation）

ChatGPT 的對話生成功能可以幫助自動化生成對話，例如在智能客服、聊天機器人、語音助手等場景下，可以提供更加自然、人性化、智能化的對話體驗。ChatGPT 的對話生成功能可以實現以下作用：

【智能客服】：
ChatGPT 可以通過自動生成對話內容，幫助用戶解決問題，提高客戶滿意度。

【聊天機器人】：
ChatGPT 可以通過生成與用戶互動的對話內容，實現更加自然、流暢、智能化的聊天體驗。

【語音助手】：
ChatGPT 可以通過對話生成來實現自然、流暢的對話，幫助用戶完成各種操作。

【在線教育】：
ChatGPT 可以通過對話生成來實現與學生的互動，例如教學、解答問題等。

ChatGPT 的對話生成功能可以大大提高人們的工作效率和生活便利性，並且有望在未來進一步發展和應用。

例子

情境：	晚上在家裡，想訂披薩外送。
ChatGPT 的生成回應：	「您好，歡迎致電我們的外送熱線。我們提供各種口味的披薩，您想點什麼？」
情境：	和 ChatGPT 聊天，問它最喜歡的顏色是什麼。
ChatGPT 的生成回應：	「我是一個 AI 語言模型，沒有感官或喜好。但如果您要選一個顏色，我會建議您選擇藍色，因為它被證明是一種令人感到放鬆和平靜的顏色。」
情境：	要求 ChatGPT 給出關於環保的建議。
ChatGPT 的生成回應：	「我建議您可以從小事做起，例如減少使用一次性塑料製品、節約能源、減少用水等。此外，可以參與環保組織或活動，或者向政府部門反映環保問題。」

4.) 知識檢索（Knowledge Retrieval）

　　ChatGPT 的知識檢索功能，是指根據用戶提出的問題或主題，從大量的資料庫或知識庫中快速查找相關的信息或答案，以回答用戶的問題。ChatGPT 的知識檢索功能，通常涉及以下步驟：

【搜尋】：
從大量資料中找到與用戶問題相關的資訊，通常可以利用關鍵字、標籤、分類等方式進行搜尋。

【篩選】：
根據相關性、可靠性、時效性等因素篩選出最有價值的資訊，以確保用戶能夠獲得準確且可信的答案。

【回答】：
將篩選出的資訊整理成易於理解的語言，並回答用戶的問題或提供相關的建議。

　　ChatGPT 的知識檢索功能可以廣泛應用於問答系統、搜索引擎、智能客服、自動回覆等場景，可以大大提高用戶的工作效率和生活便利性。

例子

情境：	我想了解蘋果公司的創始人是誰？
ChatGPT 的生成回應：	「蘋果公司的創始人是史蒂夫·賈伯斯、史蒂夫·沃茲尼亞克和羅南·麥金塔什。他們於 1976 年共同創立了蘋果公司，開始了一段令人矚目的科技之旅。」

2.3 ChatGPT 的數據分析處理功能

ChatGPT 的數據分析功能通常是指對文本數據進行分析和提取有用信息的能力。以下是一些 ChatGPT 的數據分析功能的例子：

【情感分析】：
ChatGPT 可以分析文本中的情感信息，如情緒、態度和意見，以幫助人們了解用戶的反應和態度，並制定相應的應對策略。

【關鍵詞提取】：
ChatGPT 可以提取文本中的關鍵詞，以便進一步進行分類、主題建模、文本摘要等操作。

【文本分類】：
ChatGPT 可以將文本分為不同的類別或主題，以便進一步進行分析和應用。

【語言模型訓練】：
ChatGPT 可以使用大量的文本數據進行訓練，以改進其語言理解和生成能力，並提高其在各種語言任務中的性能。

ChatGPT 的數據分析功能可以幫助人們更好地理解和利用文本數據，為相關應用提供基礎支持，如信息檢索、推薦系統、情報監測、智能寫作等。

應用情景 1:文章撮寫及圖表生成

輸入文章:《2021 年香港經濟展望》(約 2,000 字)

RESEARCH 經貿研究 (來源:HKTDC)

研究文章　　商貿法規　　專題　　數據及概況　　指南及資源　　關於我們

指南及資源 - 合作夥伴 - 中國銀行(香港)

曙光初現 挑戰仍多 – 2021年香港經濟展望

2021年01月05日

中國銀行(香港)

作為高度依賴服務業的開放型經濟體,香港在2020年遭受新冠疫情重創,GDP跌幅為六十年來之最,失業率快速上升,展望2021年,有效疫苗大規模推廣使用將使香港經濟迎來曙光,國家"十四五"也將為香港帶來巨大發展機遇,預計2021年香港經濟可望錄得5%左右的增幅,而失業率也將迎來拐點。

一、2020年香港經濟回顧

在中美貿易摩擦、全球經濟放緩和香港本地社會事件的三重利空疊加下,香港經濟在2019年陷入全球金融危機之後首次負增長。進入2020年,新冠疫情在全球迅速傳播蔓延讓本已疲弱的香港經濟雪上加霜,並呈現出如下幾個重要特點:

(一) 經濟活動急劇減少

指令:把文章複製及貼上 ChatGPT,在文章開首或結尾輸入「撮要」。

ChatGPT 生成的撮要:約 400 字

2021年香港經濟展望

2020年受到新冠疫情的影響,香港經濟遭遇嚴重衰退,GDP跌幅為六十年來最大,失業率急劇上升。展望2021年,隨著有效疫苗的推廣使用和國家"十四五"規劃的推進,香港經濟有望迎來曙光,預計2021年香港經濟增長率將達到約5%左右,失業率也將開始下降。

2021年香港經濟增長率有望達到約5%左右,主要原因是疫情控制和經濟刺激措施的推動。隨著疫苗的大規模推廣使用,香港經濟活動將逐漸恢復,特別是在服務業方面,如放遊業、餐飲業等,將受益於人流增加。此外,國家"十四五"規劃中提出的多個發展項目和政策,將為香港帶來更多發展機遇,特別是在科技、金融、物流等方面。

失業率方面,預計2021年將開始出現下降趨勢,隨著疫情控制和經濟活動的恢復,企業開始恢復招聘,加上政府推出的一系列就業措施,如推動就業、實習和創業等,將有助於減少失業人數。

總體來說,2021年香港經濟展望積極,但仍面臨不少挑戰,如全球疫情的不確定性、國際貿易局勢的不穩定性等,需要政府和企業積極應對和調整,以保持經濟的穩定和可持續發展。

　　如想進一步簡化，可再要求 ChatGPT「把上文以 Table 顯示」，ChatGPT 便會自動把內容以表列方式顯示。

指标	预测数值
GDP增长率	约5%左右
失业率	开始下降趋势
影响因素	疫情控制、经济刺激措施、国家"十四五"规划、全球疫情不确定性、国际贸易局势不稳定性
需要应对的挑战	全球疫情不确定性、国际贸易局势不稳定性

　　ChatGPT 內生成的圖表，可以直接 Copy and Paste 在 Excel上。如果是純數據，更可以 Excel 的功能繪製圖表，用以製作報告或計畫書。

※ChatGPT 的撰寫及圖表生成始終是自動化製作，資料未必準確，使用者必須要再三確認。

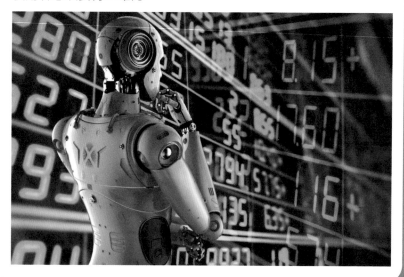

應用情景 2:
生成 MS Excel 的公式協助數據分析

ChatGPT 是一個語言模型，並不支援 Excel 或其他試算表（Spreadsheet）軟件數據的輸入。但 ChatGPT 卻可以協助使用者按需要生成公式（Formula），甚至編寫 VBA 指令（Visual Basic for Applications），靈活運用 Excel 本身具備的功能，分類或分析數據。

例子 (01)

舉例以下是 A 公司上一年的營銷紀錄，因為一些合作夥伴的拖欠，去年部分月份的帳款至今仍未獲支付。

	F15		f_x	
	A	B	C
1	Month	Income	Payment Received
2	January	$ 1,000,000.00	Yes
3	February	$ 900,000.00	Yes
4	March	$ 600,000.00	No
5	April	$ 1,500,000.00	Yes
6	May	$ 400,000.00	Yes
7	June	$ 800,000.00	No
8	July	$ 1,800,000.00	No
9	August	$ 450,000.00	Yes
10	September	$ 780,000.00	No
11	October	$ 500,000.00	Yes
12	November	$ 1,900,000.00	Yes
13	December	$ 2,000,000.00	No

1.) 你想知道去年有多少個月公司收入超過 1,000,000 ?

· **向 ChatGPT 輸入：**

編寫 Excel 公式, 計算 A1 至 B13 範圍內，函數 B2 至 B13，大於 1000000 的收入有多少次？

ChatGPT 應用手冊

· **ChatGPT 編寫的公式：**

  =COUNTIF(B2:B13,">1000000")

你只需複製並把公式貼在 Excel 檔案任何一個函數中，便會計算
出答案。

	E2		▾	fx	=COUNTIF(B2:B13,">1000000")	
	A	B	C	D	E	
1	Month	Income	Payment Received			
2	January	$ 1,000,000.00	Yes		4	
3	February	$ 900,000.00	Yes			
4	March	$ 600,000.00	No			
5	April	$ 1,500,000.00	Yes			
6	May	$ 400,000.00	Yes			
7	June	$ 800,000.00	No			
8	July	$ 1,800,000.00	No			
9	August	$ 450,000.00	Yes			
10	September	$ 780,000.00	No			
11	October	$ 500,000.00	Yes			
12	November	$ 1,900,000.00	Yes			
13	December	$ 2,000,000.00	No			

2.) 你想知道去年尚未收到的帳款共多少？

· **向 ChatGPT 輸入：**編寫 Excel 公式，計算 C 欄是"No"的
  B 欄函數總和

· **ChatGPT 編寫的公式：**

> 編寫Excel公式, 計算C欄是"No"的B欄函數總和
>
> 您可以使用SUMIF函数来计算C列中值为"No"的B列单元格的总和。SUMIF函数用于计算满足
> 特定条件的单元格的总和。
>
> 以下是公式：

```less
=SUMIF(C1:C13,"No",B1:B13)
```

	E3		f_x =SUMIF(C1:C13,"No",B1:B13)		
	A	B	C	D	E
1	Month	Income	Payment Received		
2	January	$ 1,000,000.00	Yes		4
3	February	$ 900,000.00	Yes		5980000
4	March	$ 600,000.00	No		
5	April	$ 1,500,000.00	Yes		
6	May	$ 400,000.00	Yes		
7	June	$ 800,000.00	No		
8	July	$ 1,800,000.00	No		
9	August	$ 450,000.00	Yes		
10	September	$ 780,000.00	No		
11	October	$ 500,000.00	Yes		
12	November	$ 1,900,000.00	Yes		
13	December	$ 2,000,000.00	No		

例子 (02)

按照電話號碼的區號，分辨客人來自什麼地區

· **向 ChatGPT 輸入：**編寫 Excel 公式 , 計算 A2 至 B9 範圍內 , 在 A 欄函數的數字開首是 852, 在 B 欄顯示為 Hong Kong, 在 A 欄的號碼開首是 853, 在 B 欄顯示為 Macau

· **ChatGPT 編寫的公式：**
=IF(LEFT(A2,3)="852",
"Hong Kong",
IF(LEFT(A2,3)="853",
"Macau",""))

	B2	▼
	A	B
1	Number	Area
2	852-89467894	
3	853-89530234	
4	852-89963214	
5	853-69876543	
6	852-78964532	
7	852-69864573	
8	853-96876543	
9	853-78987564	

編寫Excel公式, 計算A2至B9範圍內, 在A欄函數的數字開首是852,在B欄顯示為Hong Kong, 在A欄的號碼開首是853,在B欄顯示為Macau

您可以使用IF函數和LEFT函數來實現這個功能。IF函數用於測試一個條件，然後根據條件的結果返回不同的值。LEFT函數用於返回一個字符串的左側字符。

以下是公式：

```less
=IF(LEFT(A2,3)="852","Hong Kong",IF(LEFT(A2,3)="853","Macau",""))
```

你只需複製並把公式貼在 Excel 檔案 B2 格，然後 Copy and Paste 整行 Column B，便會按電話區號顯示地方。

	B2		▼		f_x	=IF(LEFT(A2,3)="8
	A	B	C	D	E	
1	Number	Area				
2	852-89467894	Hong Kong				
3	853-89530234	Macau				
4	852-89963214	Hong Kong				
5	853-69876543	Macau				
6	852-78964532	Hong Kong				
7	852-69864573	Hong Kong				
8	853-96876543	Macau				
9	853-78987564	Macau				

※ 其實 ChatGPT 協助使用的，都是 Excel 本身的功能，只是我們一時未知用 Excel 公式如何表達，而靠 ChatGPT 可以透過我們慣用的文字表達需要。向 ChatGPT 輸入指令沒有固定格式或語言，無論中英文或中英夾雜都沒問題，不過如果略懂一些 Excel 的名詞，好像 Cell 是函數（即最基本的「格仔」）、Column 是欄、Row 是列，表達便會更精準。

ChatGPT 也可協助編寫 VBA 指令，不過因為涉及較艱深的 Excel 使用技巧，本書暫不詳細討論。

2.4 ChatGPT 文本生成應用實例

ChatGPT 文本生成可以用於許多範疇，以下是一些例子：

【內容創作】：ChatGPT 可以生成文章、博客、新聞報導、評論等各種類型的文本內容，為作家、記者和編輯快速生成大量高品質的文本內容。

【電商】：ChatGPT 可以生成商品描述、廣告文案、銷售推廣文本等，幫助電商平台提高產品銷售量和轉換率。

【客服機器人】：ChatGPT 可以用於客戶服務機器人中，生成自然語言回應，解決客戶問題，提供説明和支持。

【社交媒體】：ChatGPT 可以生成社交媒體上的帖子、評論、回覆等內容，為使用者提供更多的有趣和有價值的內容。

【語言翻譯】：ChatGPT 可以翻譯不同語言的文本，可以應用於國際貿易、文化交流等場景。

ChatGPT 可以用於任何需要大量生成自然語言文本的場景，能夠快速生成高品質、富有表現力的文本內容，提高效率和工作效果。

場景 1 ── 以 ChatGPT 撰寫文章

使用 ChatGPT 撰寫文章可以提高效率和節省時間，但既然大家都用同一工具，如何提升文章的水準及吸引力至為關鍵：

熟悉寫作規範：瞭解文章的寫作規範和格式，包括標題、段落、字數、結構等方面的要求，以便生成的內容符合文章的寫作要求。

適當使用語言風格：在使用 ChatGPT 生成文章時，需要根據不同的主題和讀者喜好，使用適當的語言風格和表達方式，以便讓文章更具吸引力和可讀性。

驗證資訊準確性：在使用 ChatGPT 生成文章時需要驗證資訊的準確性，特別是關鍵資訊和事實，避免出現錯誤和不實的資訊。而且 ChatGPT 生成的內容有時限，如要加入近期的熱門議題加強吸引力，便要自行補充。

適當修改：生成的內容可能存在語法或邏輯錯誤，需要進行適當的修改和編輯，以確保生成的內容符合文章的寫作要求和規範。

例子 (1)

· **向 ChatGPT 輸入**：寫一篇關於氣候變化影響的文章
· **ChatGPT 生成的文章：**

> 　　氣候變化對地球環境和人類生活產生了深遠的影響。儘管人類在過去幾十年裡採取了一些措施來減緩氣候變化的影響，但這個問題仍然存在，並且將繼續影響我們的未來。
>
> 　　首先，氣候變化對地球環境產生了重大影響。全球變暖導致極端天氣事件增多，如洪水、乾旱、暴風雪等……

· **向 ChatGPT 輸入：**
用幽默風格，以小學生為對象，寫一篇關於氣候變化影響的 400 字文章，包括參考文獻
· **ChatGPT 生成的文章：**

> 　　今天我想跟大家聊聊一個很重要的話題——氣候變化。你們知道嗎？我們現在面臨著一個非常嚴峻的問題，就是全球變暖。
>
> 　　全球變暖是什麼呢？簡單來說，就是地球變得愈來愈熱。這是因為我們的活動導致了大量的溫室氣體排放，像二氧化碳、甲烷等等。這些溫室氣體會像保溫被子一樣，把地球包裹在裡面，導致地球變得愈來愈熱……

※ 第二篇文章多了反問句及例子（溫室氣體會像保溫被子一樣，把地球包裹在裡面），令文章風格更活潑，附錄更包括參考文獻，大大提高可信度。

場景 2 ——以 ChatGPT 撰寫求職信

以 ChatGPT 撰寫求職信必定是未來的趨勢，不過要提升求職信水準，除了要輸入招聘廣告的職位要求及簡介，也應加入公司的背景資料及成就，但最重要的是個人的技能、經驗和事業目標，與及可以為公司作出的貢獻。

求職信需使用正式的格式，使用簡單的詞語和清晰的語句，確保你的求職信易於閱讀和理解。另外，請避免任何拼寫或語法錯誤。

以下是一封求職信的範例：

尊敬的招聘主管：

我非常感謝您抽出時間閱讀我的求職信。我是一名熱愛數據分析和市場營銷的專業人士，希望能加入貴公司的團隊，為貴公司的業務發展做出貢獻。

我畢業於本地一所著名大學，主修市場營銷和數據分析。在校期間，我參加了多個校內外的項目，如市場調研、品牌推廣和數據挖掘。這些經驗讓我學習到如何與客戶溝通，了解市場需求，同時掌握了數據分析工具的應用技能。

在畢業後，我加入了一家數據分析公司，擔任市場營銷顧問，負責為客戶提供數據分析、行銷策略和業務咨詢等服務。我通過對數據的深入分析，幫助客戶提高了網站流量和轉化率，並且為客戶帶來了更多的銷售收益。此外，我也擔任過多個數據分析和市場營銷培訓的講師，擁有較強的演講和教學能力。

我對貴公司的業務和文化非常感興趣，並且希望能夠有機會加入貴公司的團隊。我相信，我的技能和經驗可以為貴公司的業務發展做出貢獻。如果您需要進一步了解我的經歷和能力，請參考我的簡歷。

謝謝您抽出寶貴的時間閱讀我的求職信，我期待著貴公司的回覆。

此致

⟳ Regenerate response

2.5 ChatGPT 圖像生成應用實例

ChatGPT 是一個自然語言處理模型，不能直接生成圖像。但是，可以將 ChatGPT 與其他人工智能技術平台如 Playground AI 或 Midjourney 結合，來實現圖像生成。簡單來說就是以 ChatGPT 快速生成 AI 繪圖指令（Prompt），再使用該指令在人工智能繪圖平台生成圖片。

例子 (1)

· **向 ChatGPT 輸入：**

黃昏時份，一對戀人在夕陽下手掀著手，身旁一對狗狗快樂地玩耍，請提供 Playground ai 繪圖的 Prompt 英文

· **ChatGPT 生成的 Prompt：**

"Create a heartwarming scene of a couple holding hands and two playful dogs frolicking in the glow of a sunset."

> 黃昏時份,一對戀人在夕陽下手掀著手, 身旁一對狗狗快樂地玩耍 請提供Playground ai 繪圖的promp英文
>
> "Create a heartwarming scene of a couple holding hands and two playful dogs frolicking in the glow of a sunset."

把 Prompt 貼在 Playground AI 中 Prompt 的區塊，再選擇生成圖片的風格，然後按「Generate」，文字便可化為合適的圖像。

例子 (2)

‧ 向 ChatGPT 輸入：

以名畫 " 吶喊 " 為藍本 , 繪畫一個憂鬱少女對鏡自憐 請提供 Playground ai 繪圖的 Prompt 英文

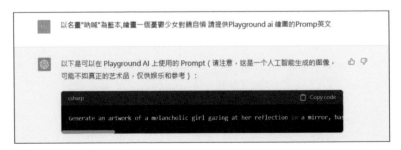

· **ChatGPT 生成的 Prompt：**

"Generate an artwork of a melancholic girl gazing at her reflection in a mirror, based on the painting "The Scream" by Edvard Munch……"

※ 如果只是簡單的構圖，用戶可以不經 ChatGPT，直接把 Prompt 輸入人工智能繪圖平台。但今時今日 AI 繪圖已愈來愈複雜，一幅組圖隨時涉及數百甚至過千字的 Prompt。這時候便需要 ChatGPT 按要求生成複雜的 Prompt，再貼在繪圖平台生成圖像。

2.6 ChatGPT 影片生成應用實例

與圖像一樣，ChatGPT 不能直接生成影片，但 ChatGPT 卻可以創作影片的內容或劇本，再配合人工智能視頻平台，自動生成相關影片。

例子 (1)

· **向 ChatGPT 輸入：**

想製作一段 2 分鐘的視頻關於 ChatGPT 的介紹，請撰寫內容

· **ChatGPT 生成的劇本：**

> （開場畫面，背景音樂響起）
>
> 主持人：大家好，歡迎來到本次的視頻介紹。今天，我們將向您介紹一個名為 ChatGPT 的強大工具，它可以讓您的創意和想像力無限擴展。那麼，什麼是 ChatGPT 呢？我們一起來看看。

（畫面切換，顯示 ChatGPT 的 LOGO）

主持人：ChatGPT 是一種自然語言處理模型，它基於深度學習技術，可以生成各種類型的文本和多媒體內容。它可以像人類一樣理解語言，並根據輸入的關鍵字、主題或場景，生成相應的內容。無論是文章、對話、故事、詩歌、甚至是音樂和影片，ChatGPT 都可以勝任。

（畫面切換，顯示 ChatGPT 生成的文字內容）

主持人：這是一段由 ChatGPT 生成的文字內容，它看起來像是由人類創作的一樣。ChatGPT 可以根據不同的主題和風格，生成不同的內容，讓人感受到其強大的生成能力……

用戶可以傳統的方法，按著劇本組合視頻及錄製旁白，亦可把劇本貼在人工智能視頻平台，自動生成影片。其中一款操作非常簡易的免費人工智能視頻軟件名為「剪映」（https://www.capcut.cn/）。用戶只要直接把劇本貼上，軟件便會自動生成影片及旁白。詳細的操作，下一章會介紹。

2.7 ChatGPT 音訊生成應用實例

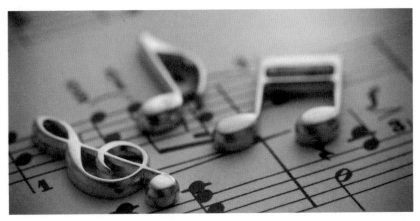

　　與圖像及影片一樣，ChatGPT 不能直接生成音訊，但 ChatGPT 卻可以創作樂譜及歌詞，再配合人工智能視頻平台，自動生成相關音訊。

例子

· 向 ChatGPT 輸入：

請以 " 生日快樂 " 的曲譜，創作一首叫人均衡飲食的歌曲

· ChatGPT 生成的音訊：

> (Verse 1)
>
> G D7 G
>
> 蔬菜、水果多多吃，每餐都要均衡配。
>
> C G D7
>
> 五穀雜糧更要來，營養均衡好習慣。

(Chorus)

G D7 G

均衡飲食，健康體魄。

C G D7

飲食平衡，快樂人生。

G D7 G

多蔬果，多雜糧，健康永相伴。

C G D7

均衡飲食，健康人生……

你也可要求 ChatGPT 提供不同型式的樂譜，如 ABC 簡譜或五線譜，甚至轉為其他樂器如結他演奏。

亦可以加入特別的風格如爵士樂，令創作更獨一無二。

下一步便是把樂譜上載至 MuseScore、Flat 或 Noteflight 等 AI 音樂平台播放、潤飾及分享樂曲。

2.8 如何優化 ChatGPT 給出的回應？ Prompt 的編寫和應用

　　在與 ChatGPT 溝通的過程中，總會發生用戶提問或要求被誤解，令回應不盡人意的情況。俗語有云：「問對問題，答案就對了一半」，雖然今天我們已可用熟悉的語言和 ChatGPT 溝通，但指令（Prompts）愈精準，ChatGPT 回應的水平亦會愈高。

　　Prompt 是輸入給 ChatGPT 的初始提示或資訊，它可以指定 ChatGPT 應該生成的文本類型或內容。這個提示可以是一段文字、一句話、甚至一個單詞或一段代碼。ChatGPT 將根據提示來生成文本，假如 ChatGPT 能夠更加準確地理解用戶的意圖，便能生成更準確的回應。

ChatGPT 處理任務中，Prompt 通常包含兩個部分：問題描述和問題類型。例如，在問答任務中，問題描述是問題本身，問題類型是指該問題應該回答的類型（例如，人名、地點、日期等）。在文本生成任務中，問題描述是文本主題或生成的文本類型，例如生成詩歌、小說、對話等。

對於 ChatGPT 等自然語言處理模型，Prompt 可以使模型更加智慧和高效。Prompt 可以引導 ChatGPT 學習特定領域的語言知識，更好地理解和生成與特定領域相關的文本。例如，在聊天機器人中，Prompt 可以指定機器人應該回答的話題類型，例如電影、旅遊、音樂等。這有助於機器人更好地理解用戶的問題並提供更相關的回答。

一個優秀的 Prompt 應該包括以下元素：

主題：Prompt 應該指定生成文本的主題或主要內容，例如生成對話、文章、詩歌、新聞等。

風格：Prompt 可以指定生成文本的風格，例如正式、幽默、戲劇性、科技等。只要令 ChatGPT 更好地理解所需的語言風格，便能更好地生成相關的文本。

目標受眾：Prompt 可以指定生成文本的目標受眾，例如兒童、青少年、成年人、專業人士等。這可以讓 ChatGPT 更好地瞭解受眾的語言水準和文化背景，並更好地生成相關的文本。

格式： Prompt 可以指定生成文本的格式，例如文章長度、段落分佈、字數等。當 ChatGPT 更好地瞭解所需的文本格式，便可以生成符合要求的文本。

關鍵字： Prompt 可以指定生成文本時需要涉及的關鍵字。關鍵字讓 ChatGPT 不會理解錯誤你的要求，例如鐵達尼號可加上「電影」這關鍵字，給出的文本便會更集中電影鐵達尼號的資料。

上下文信息： Prompt 可以包括先前對話或文本中的上下文資訊。這有助於 ChatGPT 更好地理解先前的語言內容，並更好地生成相關的回應或文本。

綜上所述，一個優秀的 Prompt 應該清楚地指定生成文本的主題、風格、目標受眾、格式、相關實體或關鍵字、以及可能的上下文資訊。這些元素有助於 ChatGPT 更好地理解使用者的意圖，並生成更相關和準確的文本。

以下是好的 Prompt 和不好的 Prompt 的示例：

好的 Prompt	不好的 Prompt
主題、格式、關鍵字清晰	**主題、格式、關鍵字不明確**
生成一篇有關人工智能的 500 字科普文章	生成一些文本
請幫我寫一首 4 行押韻的抒情詩	寫一個詩歌
生成一篇以「冬天」為主題的新聞報導	寫一篇新聞報導
風格、受眾、上下文清晰	**風格、受眾、上下文不清晰**
生成一份面向兒童的幽默短文，講述一隻小狗的故事	生成一個簡短的文章
給我一個正式的建議書，針對某個業務問題	寫一個業務問題的答案
生成一篇以中醫為主題的科普文章，適合中文母語者閱讀	寫一個中醫的介紹
包含具體細節或上下文資訊	**缺乏具體細節或上下文資訊**
繼續上次的對話，幫我回答關於機器學習的問題	繼續對話
基於上次提交的業務報告，請為我生成一份附加評論的報告	生成一份業務報告
生成一篇關於旅遊的文章，提到某個特定地區的名勝古跡和美食等資訊	寫一篇關於旅遊的文章

　　這些示例說明，好的 Prompt 需要提供清晰明確的資訊，涵蓋主題、格式、關鍵字、風格、受眾和上下文等多個方面，而不好的 Prompt 則會導致生成的文本與預期不符或品質不佳。隨著 AI 的普遍應用，Prompt 更發展為一門專業技術，科技界甚至出現專門與 AI 溝通的「Prompt Engineering」，透過撰寫複雜的 Prompt，讓 AI 生成高水準的成果。

Prompt shortcut

　　Prompt 雖然是以我們熟悉的語言編寫，但如果一些時常用到的指令如「翻譯為中文」、「重寫」或「把文章內容加長」，每次要鍵入始終有點麻煩。你可以在對話前，先輸入常用 Prompt 的簡寫，如 tc = 把前文轉繁體中文、re= 重寫前文，與及 rel= 重寫及加長前文，有相同指令只要輸入簡寫即成。以下是一組 short cut 的設定：

> 請執行下列 Prompt Shortcut:
> tc= 把上文轉換為繁體中文
> pr= 校對上文 , 以 table 列出原本 , 要修改的部分及修改的原因
> re= 重寫上文
> rel= 重寫及加長上文
> sum= 撮寫上文
> ta= 以 table 列出上文
> pt= 以 point form 列出上文
> go= 繼續
> 明白請以 "..." 顯示

當 ChatGPT 給出的是英文文本，
輸入 tc 即變為中文。

　　因應需要，shortcut 也可以描述更複雜的指令，例如把內容表列、採用不同的風格甚至是字數的多寡。不過 shortcut 暫時只會在每個對話（chat）儲存，開一個新對話便要重新輸入。不過坊間亦有一些軟件幫你把 Prompt shortcut 儲存，例如 Google Chrome 的插件「AIPRM for ChatGPT」，只要安裝在 Chrome 內，便可以把自行編寫的 Prompt shortcut 保留，使用 ChatGPT 時把紀錄召喚出來便不用每次撰寫。

2.9 ChatGPT 連接搜尋引擎： 讓 ChatGPT 獲取最新資訊

1.) ChatGPT for Google

ChatGPT 在資料搜尋上比 Google 及 Bing 最大的輸蝕之處在於資料的時間性。截至 2023 年 3 月，ChatGPT 只搜集到 2021 年 11 月的資料，之後便空白一片。現在只要在 Chrome 上加入「ChatGPT for Google」的插件，當以 Google 搜尋資料時，除了顯示最新的資訊，同時顯示搜尋題目在 ChatGPT 的資料，令搜尋結果更詳盡。用戶也可把 ChatGPT 搜尋到的文本資料與 Google 搜尋到的最新資料整合，放在不同的媒體使用。

安裝後可以設置一些指示，
包括 ChatGPT 顯示的語言。

只要登入 ChatGPT，在 Chrome 版面的右邊小窗便會顯示 ChatGPT 生成的資料。

2.) WebChatGPT

至於另一款 Chrome 插件 WebChatGPT，則加添了 ChatGPT 搜尋即時網上資料的能力。以 2022 年世界杯冠軍為例，ChatGPT 原本無法答覆此問題，卻借助 WebChatGPT 在網上找到答案。之後，用戶便可按需要把內容生成不同風格，放在不同的媒體發放。

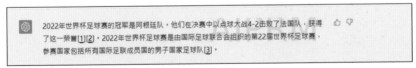

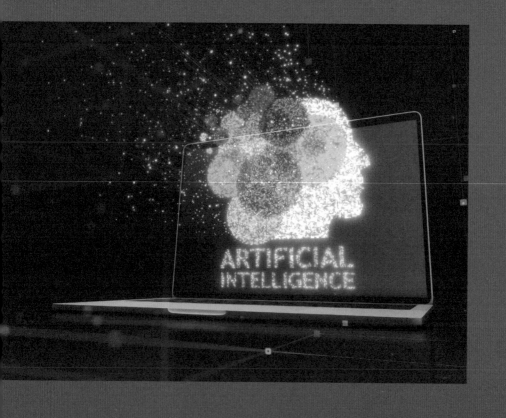

第三章

超方便免費 AI 軟件推介

3.1 圖像生成

Playground AI

　　近年市場上有極多圖像生成的 AI 工具，當中較出名的，有與 ChatGPT 同樣由 OpenAI 研發的 DALL‧E 2，與及能生成在國際美術展獲獎圖像的 Midjourney。這次介紹 Playground AI，除了因為免費外，操作界面相對簡單，背後的「大腦」來自 DALL‧E 2 及 Stable Diffusion（1.5 或 2.1）等知名圖像 AI，圖像生成的能力一點都不遜色，更可以每天為用戶提供 1000 張免費圖片。

1.) 版面簡介

① **Filter**：設定生成圖像
的風格，例如 Colorpop、
動漫，甚至生成 Icon。

② **Prompt**：輸入生成圖
像的指令

③ **Remove From Image**：指示
在生成的圖像或上載的圖像上需要
刪除的元素，如背景、途人

④ **Image to Image**：上載圖像或
在圖像上繪上要修改的部分

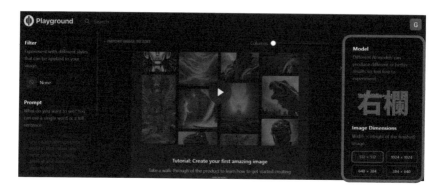

⑤ **Model**：選用哪套圖像 AI 執行指令。暫時有 DALL·E 2（收費）及 Stable Diffusion1.5 或 2.1（免費）

⑥ **Image Dimensions**：生成圖像的像素

⑦ **Prompt Guidance**：執行指令的仔細程度，數字愈大強度亦愈大

⑧ **Quality & Details**：圖像的質素及細節，數字愈大生成時間亦愈長

⑨ **Number of Image**：一次過生成多少幅圖，最多可選 4 幅

2.) 圖像生成

　　由 ChatGPT 生成圖像指令（Prompt），再在 Playground AI 生成圖像的流程，在第二章已有解說。特別一提，假如你對創作沒有頭緒，可以直接在首頁的搜尋欄輸入關鍵詞，網站便會在用戶創作中，找出合適的圖像。按入圖像，會顯示詳細資料，包括 Prompt 及刪除的部分。你可以複製這個 Prompt、下載該圖像、甚至按「Edit」以此圖為原圖，再加入自己的創意生成獨一無二的圖像。

3.) 圖像修改

Playground AI 另一強大的功能乃是修改圖像，簡單的操作便帶來理想效果。

例 (1) ──改變顏色

① 在「Edit Instruction」欄輸入：change the cat fur to pink
② 以「Add Mark」塗上要修改的地方
③ 按「Generate」
④ 下方的「Mask Control」，則可以控制畫筆的粗細。
⑤ 按「Save Change」便完成修改。

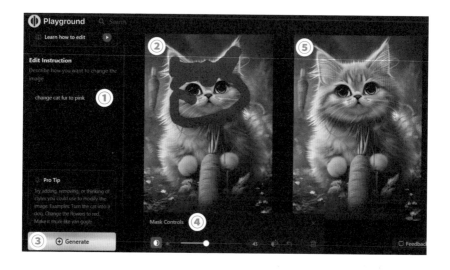

例 (2) ──增加素材

① 在圖像上按「Edit」

② 在「Edit Instruction」欄輸入：Add sun glass

③ 以「Add Mark」塗上要修改的地方

④ 按「Generate」

⑤ 按「Save Change」便完成修改。

例 (3) ──更換素材

① 在圖像上按「Edit」
② 在「Edit Instruction」欄輸入：make background in space
③ 按「Generate」
④ 按「Save Change」便完成修改。

※ 修圖時一定要用 Edit 的模式，用「Edit Instruction」欄輸入。如果用「Prompt」，便會生成與原圖完全不同的圖像。

3.2 視頻生成

剪映

剪映是由字節跳動旗下臉萌科技開發的一款 AI 視頻生成及剪輯軟件，兼容 iOS、Android、Windows、Mac OS 等操作系統。剪映既免費操作又簡易，與 ChatGPT 配合，就算對製作及剪輯視頻零認識的朋友，都可以在 5 分鐘內製作出「見得人」的短片。

剪映基本操作如下：

1.) 下載軟件

先往剪映網站（https://www.capcut.cn/）下載及安裝軟件。剪映有國內版及國際版，國內版功能較完備，視頻素材亦較多，而且又支援繁體中文內容，所以建議使用。

2.) 安裝完成，打開軟件首頁，點擊「圖文成片」。

3.) 先在 ChatGPT 生成視頻的劇本或內容，例如：「**生成視頻劇本，大約 2 分鐘，內容為 ChatGPT 簡介及基本功能。**」

> 　　大家好，我是 ChatGPT，一款基於人工智能的語言模型。我可以用自然語言理解和生成語言，以與人類交流的方式來處理各種任務。
>
> 　　我的使用非常簡單，只需要在對話方塊中輸入你的問題或要求，我就可以用最接近人類的方式回答你。我可以幫助你做各種事情，例如回答問題、解決問題、提供建議和創意等等。
>
> 　　我擁有數百萬個預訓練的語言模型和大量的文本資料，這讓我可以瞭解人類語言的各種細節和複雜性。我可以通過學習和推理來提供智慧化的回答和解決方案⋯⋯

　　把 ChatGPT 生成的劇本，Copy and Paste 到剪映的「圖文成片」欄位，並輸入標題。文字的上限為 20,000 字，並在最底部選擇旁白的聲音，包括「粵語男聲」。

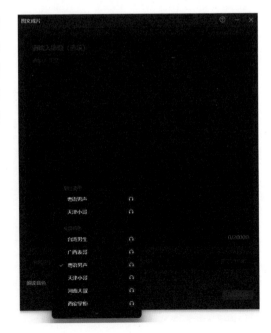

完成輸入後按「生成視頻」，等待一至兩分鐘視頻便自動完成。

4.) 視頻生成後再打開，剪輯的介面與一般剪片軟件如 Adobe 的 Premiere 或 Apple 的 iMovie 非常相似，視頻的聲音、畫面及文字放在不同軌道，你可以按需要加增或刪減任何元素。

5.) 修改完成後，便可在自家頻道發放。但由於這是國內軟件，所以發布設定都是國內的視頻平台。

五分鐘完成範例短片欣賞

以下是筆者以五分鐘時間，在 ChatGPT 生成劇本，再貼上「剪映」生成的視頻創作。

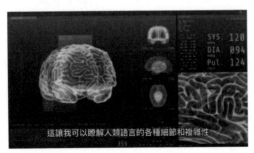

https://youtu.be/gzZSbuQsOKQ

3.3 全能圖像、視頻生成及設計工具

Canva

　　Canva 是來自澳洲的世界知名的線上設計網站，創始人梅勒妮‧帕金斯（Melanie Perkins）希望能為大眾提供一套功能及得上 Photoshop，但操作卻較簡單的設計工具。過去 Canva 最強之處是圖像搜尋，平台上有過百萬幅高清圖像供用戶尋索。近年乘著 AI 熱潮，Canva 亦增添了圖像生成的功能，加上它簡單的介面，海量的多媒體資料庫，令許多對美術及多媒體創作沒有技術或概念的用戶，都能創造出自家多媒體作品。

要使用 Canva 的工具，首先要登入網站註冊（https://www.canva.com/）及下載並安裝軟件。Canva 分為免費版及專業版，專業版一年收費 109.9 歐元，有 30 天免費試用。

Canva 功能介紹

1.) 圖像生成

在 Canva 首頁左邊欄目點擊「Discover apps」，選擇在「Text to Image」下點擊「Generate All Images」。

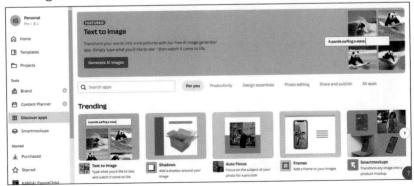

之後，有視窗彈出詢問圖像的用途。如打算生成新的圖像，可以選擇圖像尺寸，如「Custom size」、「Video」或「Facebook Post(Landscape)」，Canva 會按用途生成圖像的尺寸，方便發布。

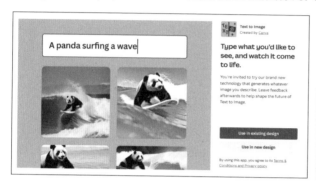

打開「Text to Image」，輸入生成圖像的關鍵詞，如「Love Couple on the beach, with dogs, romance, sunset」，再選擇圖像風格（Style）及長闊比例（Aspect ratio），便可按「Generate Image」。

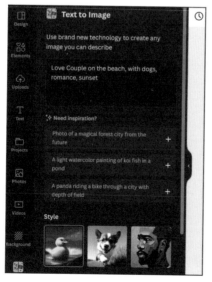
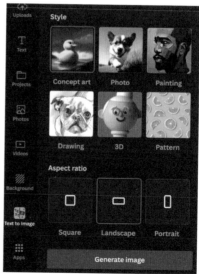

Canva 一次會生成四幅圖像，如果都不滿意，可以按「Create again」再次生成。如果有適合的圖像，點擊後便會顯展在中間的畫框中。

要下載圖像，可點擊右上角的「Share」，再選擇「Download」。

下載有不同的選項，包括圖片儲存格式及大小等。如果是用作印刷品，建議選用「PDF Print」。如果是一般網上發布，用「JPG」或「PNG」已足夠。

2.) 圖像修改

　　除了圖像搜尋及生成，Canva 也含有簡單易用的圖像修改功能，可以在左欄選加入不同元素，例如標題、插圖，甚至是多媒體動畫，令構圖更出色！ Canva 的圖像修改功能更包括添加濾鏡、自動對焦、調色及退地等。用戶無需安裝或懂得操作 Photoshop，都能達到相近的效果。

在圖像加入標題。

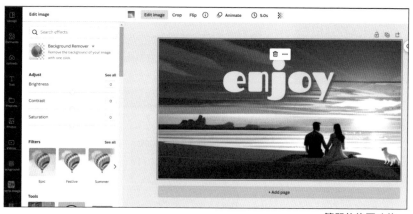

簡單的修圖功能。

3.) 視頻修改

　　Canva 未能像剪映等軟件一樣可以輸入內容生成視頻，但 Canva 卻擁有超過 12,000 條不同題材的視頻，用戶可以自行提取，再以簡單的介面加入自己的內容。

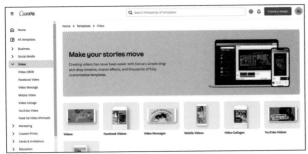

在首頁左欄點擊「Templates」，再選「Video」。

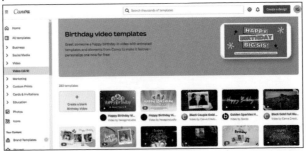

在頁頂的搜尋欄，輸入關鍵詞，如「Birthday」，再點選適合視頻。

在 Edit Image 版面修改視頻文字、圖片，甚至加入新的片段或動畫。

　　Canva 尚有許多生成及修改圖像的功能，擁有大量的 Templates 可以迅間挑選在各類 Social Media 發布的多媒體素材，如 Instagram Post、Instagram Story、Facebook Post、及 Twitter Post 等。商業上，Canva 可以提供大量 Presentation 版面、製作 Mind Map、履歷表，甚至是商標的設計。

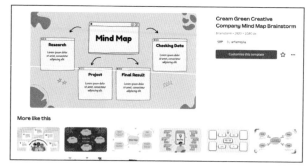

　　總括而言，Canva 的內容生成能力不算強大，但卻擁有海量的 Templates，可以自由地配搭不同的多媒體元素，創造自己的作品。對一些沒有美術背景或略欠創意的朋友，Canva 絕對是不可多得的軟件。

※Canva 有網頁版及應用程式版（App），當中如圖像生成及許多功能，都是應用程式版才能使用，所以建議下載並安裝程式。另 Canva 亦有分中國版及國際版，中國版雖有中文介面，但素材遠少於國際版，故建議選用國際版。

3.4 文本內容生成

smodin.io

　　ChatGPT 本身已是一個功能強大的文字內容生成平台，不過仍有它的限制，例如生成的文本不會太長、如果要同時執行多重指令要編寫較複雜的 Prompt、生成的文本因未列明出處，有機會惹上抄襲的風險。針對以上的局限，一些內容生成平台如 Jasper.ai、Copy.ai 或 copysmith.ai 便應運而生。不過暫時著名的 AI 內容生成平台或軟件都是針對英語市場，中文內容生成平台選擇卻不多。

　　Smodin（www.smodin.io）是一個多國語言學習平台，除了英文還設有中文（簡體字）的介面。Smodin 除了能生成文本，還可以幫用戶把文章重寫、檢查文章是否涉及抄襲、按不同字數總結內容、甚至為用戶搜尋一些相關引文，加強文本的可信性。

Smodin 功能簡介：

【重寫器】

　　重寫器通過更改句子中的單詞而不扭曲其含義來提高文章的可讀性，也可以顯示修改的部分，由用戶決定最終是否修改。

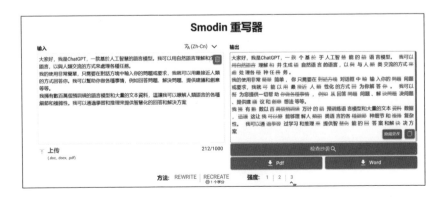

【作家】

　　按不同需要選取不同體裁生成文本，例如打算在網上發布的文章，可選「文章」，AI 生成內容時會更關注標題及關鍵字，藉以提高文章的 SEO 排名，讓文章更易被搜尋。「研究論文」則會在文本內嵌更多名詞，加強文章的學術性及可信度。至於「人工智慧評分器」則可為上傳的文章評分及改進的建議，能大大提升教學效率。

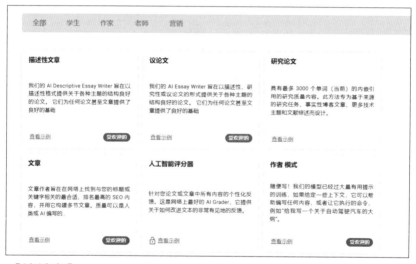

【總結者】

　　最長可以為 3 萬字撮寫，再選擇總結句的數量。該演算法識別關鍵主題和觀點，以記錄每個單詞、句子、短語和段落的重要性級別。通過這種方式，可以在不損害內容價值的情況下縮短文本篇幅。

【抄襲檢查器】

剽竊檢測是通過在網上檢查文本中的關鍵字或短語來工作，這些關鍵字或短語有助於識別文本內容的可能來源。檢查報告還包含抄襲來源的引文和參考書目資訊，讓文章正確引用相關參考資料而避免抄襲。

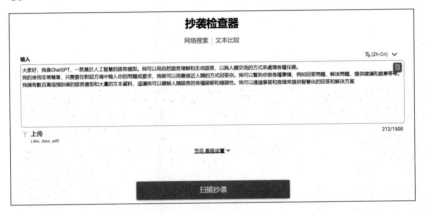

Smodin 還有其他的功能，包括「多語種翻譯」、「引文生成器」、「圖像轉化文本」、「多語言語法校正」及「語音文字轉換」等。收費分為免費用戶、基本用戶（US$10/月）及高級用戶（US$29/月），一次繳付一年月費更有 8 折優惠。

第四章

ChatGPT/AI 與未來

4.1 AI 未來會在什麼方面 重點發展？

　　ChatGPT 的風潮拉近了 AI 與人類的距離，成為人類未來不可或缺的一部分。以下是 ChatGPT 對未來 AI 發展的一些看法：

　　AI 是一個快速發展的領域，隨著技術的不斷進步和應用的不斷擴展，未來 AI 的發展前景將更加廣泛和深遠。以下是一些可能的發展方向：

　　首先，自動化和機器人領域是 AI 應用的重要方向。目前，AI 已被廣泛應用於自動駕駛汽車、智能家居、機器人服務等領域，未來這些應用將繼續擴展。隨著技術的進一步提升，AI 的自動化和機器人應用將變得更加智能和全面。例如，智能機器人可能會在工廠中執行更多的任務，

從而提高生產效率和品質,並且能夠適應更多的產品種類。

其次,智能助手是 AI 在未來可能的發展方向之一。隨著 AI 技術的發展,智能助手將能夠更好地理解和分析人們的需求,並提供更加個性化的建議和服務。這些智能助手可以幫助人們更好地管理他們的日常生活,例如提供生活建議、規劃行程、處理電子郵件等等。

第三,自然語言處理是 AI 應用的另一個重要方向。未來,隨著自然語言處理技術的不斷進步,AI 將更好地理解和使用人類語言。這將為人們提供更好的交互體驗,例如自然語言對話機器人、語音識別和翻譯等等。這些技術的進一步發展將使得 AI 能夠更好地服務人類,例如提供更好的語音輸入和輸出,使得人們能夠更加自然地和 AI 進行交流。

第四,AI 在醫療領域也有著重要的應用前景。例如,AI 可以用於醫學影像分析,幫助醫生更準確地進行診斷;還可以用於個性化藥物療法,根據患者的基因信息提供最有效的治療方案;此外,AI 還可以提供更好的健康管理和監測,例如智能手環可以通過檢測人體數據,提供更好的健康管理和預防措施。未來,隨著 AI 技術的不斷發展和應用,醫療領域將會出現更多的應用案例,幫助人類更好地保持健康和治療疾病。

第五，人工智能還可以應用於環境保護和可持續發展。例如，AI 可以用於預測氣候變化和自然災害，幫助政府和社會組織制定更好的應對措施；還可以用於監測和分析能源利用和廢棄物管理，幫助實現更綠色和可持續的發展。

隨著技術的不斷進步和應用的不斷擴展，AI 將在各個領域發揮更加重要的作用，幫助人類解決更多的問題，實現更多的進步和發展。

4.2 教育界應如何善用 ChatGPT？

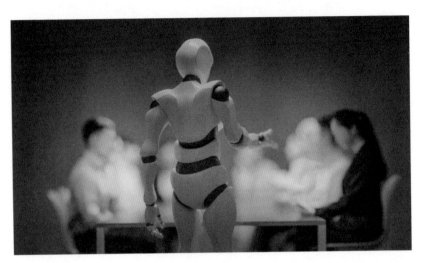

　　自從 ChatGPT 被廣泛使用後，教育界率先提出反思，因學生太倚賴 AI 完成作業，反而令學業退步。其實與其視 AI 或 ChatGPT 為洪水猛獸，不如反思教育未來的路向：繼續要學生背誦大量標準答案，還是及早訓練他們「與 AI 對話的能力」。以下是 ChatGPT 認為它可以和教育界合作的範疇：

　　ChatGPT 是一個基於自然語言處理技術的人工智能模型，可以幫助教育界更好地進行教學、研究和學習。以下是一些建議：

　　提供學術論文和研究資源：ChatGPT 可以通過檢索和生成自然語言的方式，幫助教育工作者快速獲取和理解大量的學術論文和研究報告。這有助於教師和研究人員更好

地了解學科的最新發展和研究方向，同時也能夠幫助學生更好地學習和掌握知識。

提供個性化學習體驗：ChatGPT 可以通過對話交互的方式，根據學生的需求和能力，提供個性化的學習體驗。例如，ChatGPT 可以回答學生的問題，提供解釋和示範，以及給予反饋和建議，從而幫助學生更好地掌握學科知識和技能。

進行自我評估和測試：ChatGPT 可以通過自動測試和評估，幫助學生和教師更好地評估和監測學習進度和成果。例如，ChatGPT 可以生成測試題目和答案，幫助學生進行自我評估和測試，同時也可以幫助教師更好地評估學生的學習成果和需要進一步改進的方面。

進行教學設計和教材開發：ChatGPT 可以通過生成自然語言的方式，幫助教師和教育工作者進行教學設計和教材開發。例如，ChatGPT 可以生成課程大綱、練習題目和測試題目等等，從而幫助教師更好地設計教學活動和教材，同時也能夠幫助學生更好地學習和理解學科知識和技能。

ChatGPT 是一個非常有用和有潛力的人工智能工具，可以幫助教育界更好地進行教學、研究和學習。通過善用ChatGPT，教育界可以提高教學和學習效果，並且有助於

創新教學模式和教學方法。然而，ChatGPT 作為一種人工智能技術，也存在一些限制和風險，需要注意以下幾點：

資料隱私風險：ChatGPT 通常需要許多數據才能訓練，這些數據可能包含個人信息和機密信息。因此，使用 ChatGPT 時需要注意保護數據的隱私和安全。

錯誤和偏見風險：ChatGPT 的回答和建議可能存在錯誤和偏見，這可能會對學生和教師產生負面影響。因此，使用 ChatGPT 時需要注意評估和校準其回答和建議的準確性和公正性。

技術限制和挑戰：ChatGPT 作為一種人工智能技術，仍然存在一些技術限制和挑戰，例如記憶能力有限、理解和推理能力不足等。因此，使用 ChatGPT 時需要注意其應用場景和限制，並適當地使用其他教學和學習工具。

ChatGPT 是一種有潛力的人工智能技術，可以幫助教育界更好地進行教學、研究和學習。然而，使用 ChatGPT 需要注意其限制和風險，並適當地應用和配合其他教學和學習工具。

4.3 未來有什麼工作
　　將會被 AI 取代？

　　「無用階層」（Useless Class）是《未來簡史》作者、以色列歷史學家尤瓦爾·赫拉利（Yuval Noah Harari），在其 2018 年的作品《今日簡史》中描述的未來世界的模樣——由於人工智能已在不同領域取代人類工作，於是一群在教育與培訓跟不上技術發展速度的人，便淪為「無用階層」。

　　近 年 AI 的迅速發展，加上 ChatGPT 推波助瀾，會否加速「無用階層」的出現？未來有什麼工作將會被 AI 取代？且看 ChatGPT 的意見：

　　AI 正在逐步取代許多工作，其中包括一些重複性高、需要大量重複計算的工作以及需要大量資料分析的工作。以下是一些可能會被 AI 取代的工作：

　　製造業：許多製造業工作，特別是重複性高的裝配和包裝工作，都已經被機器人所取代。

銀行和保險業：大量需要資料分析和處理的工作，如貸款審核、保險索賠處理等，都有機會被 AI 所取代。

電話客服：AI 能夠通過自然語言處理技術來理解和回答客戶的問題。隨著這種技術的進步，未來可能會有更多的客服工作被取代。

醫療保健：AI 已經可以協助醫生進行診斷和治療方案的制定。未來，AI 還可能會取代部分護理人員和其他醫療專業人員的工作。

教育：許多教育工作，如評估學生學習成果、製定個性化學習計劃等，都有可能被 AI 所取代。

金融業：一些較為標準化和重複性高的金融業務，如證券交易和財務報告等，也有可能被 AI 所取代。

律師：AI 可以通過分析大量的法律文件和案例來提供法律建議。這可能會導致未來一些律師的工作被取代，特別是在較為標準化的法律問題上。

需要注意的是，AI 取代工作的速度和範圍取決於技術的發展和應用程度，以及社會和政治因素的影響。因此，對於未來哪些工作會被 AI 取代，還需要繼續觀察和研究。

4.4 有什麼工作是 AI 無法取代？

　　有人形容 AI 猶如一台推土機，它既能夠破壞社會的習慣和傳統，也能夠促進社會的發展和進步。然而，人類不應該與 AI 比力氣、比技術，而是應該學習如何掌控和運用它。

　　在未來的世界中，技能已不再是關鍵的競爭優勢，而是懂得與 AI 進行對話和協作的人才。為了讓 AI 創作出更具價值和意義的內容，創作者必須深刻理解創意理念、受眾需求、故事情節等抽象概念，而這些是目前 AI 尚無法取代的。至於 ChatGPT 則看好以下範疇的人材：

 　　AI 目前的發展雖然在許多方面都非常出色，但是在某些工作領域，人類仍然擁有不可替代的優勢和特點。以下是一些 AI 目前還無法取代的工作類型：

創意工作：人類擅長於創造和想像，而這是 AI 目前還無法取代的。例如藝術家、音樂家、作家和設計師等創意工作，需要靈活的思維和獨特的想法，而這是 AI 難以模擬的。

情感勞動：許多工作需要人類提供情感支持和關懷，如醫護人員、社工、心理輔導員等。這些工作需要人類具有同理心、情感支持和個性化的關懷能力，而這是 AI 難以實現的。

倫理判斷：某些決策需要考慮道德和倫理問題，如醫生、法官、政治家等。這些決策可能會受到個人信仰、價值觀和社會背景等因素的影響，而 AI 目前還無法取代這種人類的判斷。

人際關係密集型工作：這些工作需要人類具有複雜的社交技巧和溝通能力，如銷售人員、教師、咨詢師等。這些工作需要人類能夠理解和回應不同人的情感和需求，而這是 AI 目前難以模擬的。

手工藝工作：例如木工、陶瓷、編織等需要手工技能和專業技巧的工作，AI 目前無法像人類一樣具有手部靈活度和專業技能。

決策和領導工作：例如企業高管、政治領袖、軍事指揮官等需要智慧、決策能力和領導才能的工作，AI 目前無法像人類一樣具有人性化的判斷和領導才能。

需要注意的是，隨著 AI 技術的不斷發展，未來可能會出現新的工作類型，需要人類具備不同的技能和能力。因此，人類需要不斷地學習和更新自己的技能，以應對未來工作市場的變化。

4.5 AI 會對人類帶來什麼威脅？

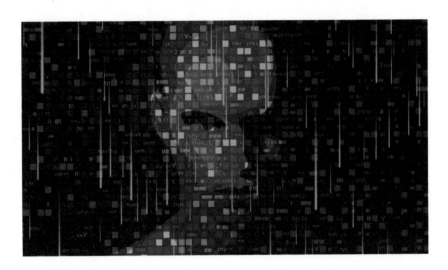

正如許多科幻小說的橋段：當 AI 高度發展，甚至擁有自己的人格和意識，最後便會演變為智能叛變，反過來殲滅人類。據專家評估，現時的 AI 心智已發展至一個九歲的小朋友。隨著 AI 即將爆炸性的發展，它的心智也會「快高長大」。理論上，AI 的心智愈成熟，可以解決的問題便更多。至於會否上演智能叛變，相信任何專家都難以預計，只能密切監察。反而 ChatGPT 對目前的「AI 威脅」，作出了更貼地的觀察：

　　　AI 目前的發展帶來了許多潛在的威脅和挑戰，以下是其中幾個主要的方面：

　　就業和收入：AI 的出現可能會取代一些工作，導致失業率上升，對個人和社會經濟帶來影響。此外，AI 的出現

也可能會造成低技能工作的工資下降，進而損害工人的收入水平。

隱私和安全：AI 技術可能會收集大量的個人數據，這些數據可能會被濫用或者泄露，導致個人隱私和安全受到侵犯。

道德和倫理：AI 的行為和決策可能會對個人和社會產生重大的影響，進而引發道德和倫理問題。例如，自動駕駛汽車在面對道路安全和道德抉擇時，應該如何作出決策是一個具有挑戰性的問題。

社會不平等：AI 的發展可能會加劇社會不平等問題。例如，那些缺乏訪問 AI 技術和培訓的人群可能會被邊緣化，進而導致教育、職業和收入方面的不平等。

需要注意的是，AI 技術的發展是無法避免的趨勢，這些問題也需要透過合適的政策和管理來解決。對於 AI 的發展，我們需要平衡發展和應用 AI 的利益和風險，確保 AI 技術能夠為人類帶來最大的利益，而非帶來更多的威脅和風險。